감각과 조리원리

최 정 희

창지사

머 리 말

인공지능으로 조리하는 로봇의 시대가 오고 있다. 가정에서 주방이 축소되고 있으며, 외식업체도 센트럴 키친의 이용으로 조리를 외주 주는 곳이 점점 늘어날 예정이다. 이런 푸드테크놀로지의 발달에 고전적인 조리원리의 지식이 도전받고 있다. 그러나 조리과학과 원리는 사라질 수 없다. 아니, 맛있는 음식을 경험하고자 하는 인류의 기본욕구가 있는 한 조리과학은 푸드테크놀로지와 유통의 발달을 디디고 서서 새로운 영역으로 그 용도를 확장하고 있다.

본 교재에서는 현대 식생활의 변화 조류에 맞게 기존의 조리원리 중에서 새로운 의미가 있는 주제를 중심으로 다루고자 하였다. 이미 분자요리 등으로 그 시도된 바 있었지만 이를 체계화하고 어떻게 이용될 것인지를 배우는 사람 입장에서 새롭고 창의적으로 확장할 수 있는 조리원리가 필요하다는 생각에서 만들어진 교재이다. 하고 많은 세상의 조리원리 교재에서 기본적으로 다루던 많은 영역을 뺀 이유가 여기에 있다. 교재로서는 내용에 균형이 맞지 않게 보일 수도 있다. 그러나 클릭만으로도 세상의 다양한 지식에 접속이 가능한 모바일 교육의 시대에 굳이 모든 조리 지식의 총합으로 교과서를 만들 이유는 없다는 생각에서 조리 현장에서 발상의 전환을 이룰 수 있는 내용을 중심으로 추려 내었다. 감각에 주안점을 둔 조리원리의 재해석이라는 목적에서 나온 본 교재가 감성과 체험의 시대에 상품을 제공해야 하는 젊은 조리사에게 필요한 조리과학적인 근거를 제시해 주는 책이 되기를 기원한다.

2019년 1월

최정희

목 차

- 감각평가 리스트 -

chapter 01

미식과 조리원리

- 조리미학과학

1. 현대적인 조리의 의미

조리는 인간이 생존을 위하여 음식물을 가공 변형함으로써 음식물 속의 영양 성분을 안전하게 섭취하는 방식이다. 식재료가 부족했던 고대와 중세에 먹을 것을 만들고 조리하는 것은 생존의 기본 방식이었다. 그러나 근대 이후로 대량생산과 교역이 발달하고 이용 가능한 식재료가 다양해지면서 부가가치가 높은 음식을 추구하게 되고 레스토랑과 같은 상업적인 견지 목적의 조리가 발달하게 되었다. 이 과정에서 조리는 단순히 맛있게 먹을 수 있게 만든다는 경험과학의 좁은 영역을 떠나 인간의 시각과 청각, 촉각과 미각을 종합적으로 즐겁게 만들어 주는 미식을 제공하기 위한 창의적인 과정으로 변화하고 있다.

레스토랑 엘 불리

출처: 영화 「El Bulli: Cooking in Progress」(2011).

2. 감각과학과 조리의 만남 시작

같은 식재료를 먹는다 하더라도 국가나 민족에 따라 조리 방식 또는 가공 방식이 다르다. 2000년도에 들어 식품의 물성과 색, 맛 성분과 영양 성분 및 가공에 관한 지식이 증가하면서 이들을 조합하여 과거에 존재하지 않은 창의적인 요리를 만들고자 하는 요리사와 과학자들의 협력이 생겨났다.

1) 페란 아드리아(Ferran Adria): 과학자가 된 요리사

페난 아드리아는 스페인의 한적한 곳에 '엘 불리'라는 레스토랑을 오픈하였다. 이 레스토랑 메뉴의 특징은 고객을 깜짝 놀라게 만드는 새로운 요리의 제공이었다. 후에 분자조리라고 명명된 이 조리 방식은 아가(Agar) 등 지금까지 서구요리에 흔히 사용되지 않았던 동양의 식재료를 서구의 조리 재료와 조합함으로써 통상적이고 익숙한 요리를 새로운 질감과 형대로 비틀어 제공하는 것이다. 고전요리와 전통요리의 레시피 및 재료를 철저히 해체한 뒤 이를 원하는 질감과 모양으로 만들 수 있도록 재조합하여 과거와 나른 새로운 요리를 만들어 낸다. 페난 아드리아의 오렌지 캐비어(모양은 캐비어 같으나 실제로는 오렌지 주스), 분자계란요리(계란 프라이처럼 생겼으나 실제로는 생크림 젤리), 분자스파게티(스파게티 면처럼 조리하였으나 재료가 밀가루가 아닌 해조류 국수) 등은 새로운 발상의 전환으로 인지되어 널리 퍼지면서 엘 불리가 세계 최고의 레스토랑으로 인정받는 큰 요소가 되었다.

페난 아드리아의 분자요리

출처: Erran Adrea(2004).

2) 에르베 티스(Hervé This): 요리사가 된 과학자

분자조리가 개인적인 레스토랑에서 한 요리사의 창의적인 발상의 전환으로 일어난 요리사조라고 한다면 반대로 과학계에서도 미식이라는 개념을 새로 규정하고 이를 과학적으로 접근하고자 하는 분자미식학(molecular gastromony)이 정립되었다. 분자미식학이란, 생리학의 발달로 인간의 미각 능력에 대한 지식이 확대되고 화학과 물리학에서 식품의 분자적 특성을 분석하면서 사람들에게 어필하는 향과 질감을 최적화하는 조리를 만들고자 하는 조리 방식이다. 에르베 티스는 조리에 과학의 세계를 끌어들이고자 한 페난 아드리아의 분자요리와는 반대 측면, 즉 과학에서 감각을 접근하는 방식으로 조리의 과학화를 시험하였다. 특히, 수천 년 동안 내려온 조리계의 상식으로 알려진 몇몇 조리 방식을 과학적으로 풀고 이를 감각평가 방식으로 통계처리함으로써 현대에서 대량생산되는 조리들에 응용하였고 식품 가공에 합리적으로 사용하였다.

조리의 창의성은 조리에 사용되는 과학 원리를 토대로 한다는 것을 증명하고 실제로 적용한 것이다.

다시마와 가쓰오부시를 가장 맛있게 끓이는 법은 무엇일까?

❶ 다시마와 가쓰오부시를 같이 넣고 강한 불에서 팔팔 끓인다.
❷ 다시마는 찬물에서 우리고 가쓰오부시를 넣고 팔팔 끓인다.
❸ 다시마는 끓는 물에서 우리고 가쓰오부시는 찬물에서 우린다.
❹ 다시마와 가쓰오부시 모두 찬물에서 우린다.

3) 푸드테크시대의 조리: 인공 식재료와 푸드프린팅

생물학의 발달과 인공지능 및 로봇과학이 발달하면서 인류만 할 수 있었던 식품의 조리라는 고유한 활동을 기계로 대치하고자 하는 변화가 거세게 일어나고 있

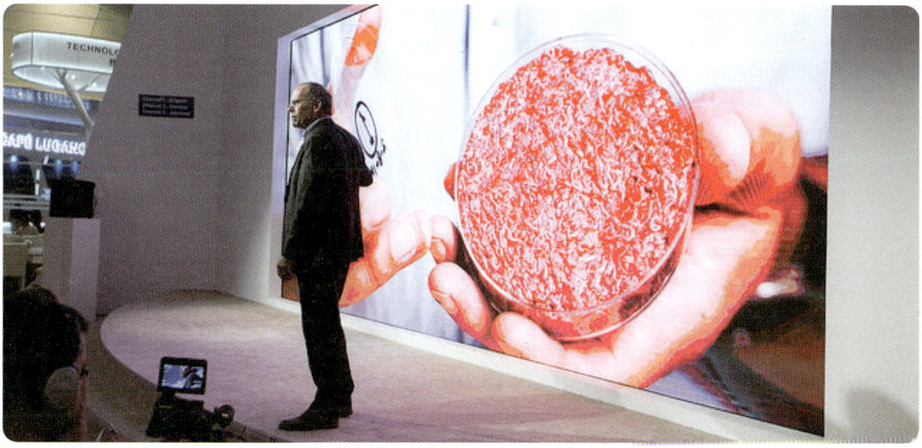

실험실에서 줄기세포로부터 배양해 낸 고기에 대해 설명하고 있는 마크 포스트 교수

출처: By World Economic Forum-CC-BY-SA-2.0(Flickr).

다. 현재 실험실에서는 미생물을 이용해 만드는 인공고기와 우유, 계란 등이 이미 개발되고 있다. 이러한 인공식품은 자연환경을 보전하고 기후변화에 따른 생산량의 격차를 줄이며, 농부나 어부 등 식품 생산자의 노동력을 절약하고자 하는 목적으로 다양한 제품이 지속적이고 시험적으로 생산되고 있다. 아직은 너무 고가라 일반 소비자에게까지 판매가 이루어지고 있지 않지만, 이는 시간문제로 많은 사람들에게 천연 농산물보다 더 저렴하게 공급될 시간이 머지않았다고 학자들은 보고 있다. 과거에도 콩을 이용한 콩고기 등이 있었지만 널리 소비되지 못한 이유는 맛이나 질감이 자연스러운 고기 맛이 아니었기 때문이다. 그러나 최근 분자요리에서 보여지듯 조리 과정의 변화를 과학적으로 분석하고 응용하는 과학이 발전하면서 인조육 등이 거의 자연 고기의 맛이 나도록 맛과 질감을 조절할 수 있게 되었다.

나아가 과학의 발전은 요리에 드는 시간과 노력을 줄이기 위하여 인공지능로봇을 사용하는 데까지 개발되어 주방이 자동화되는 장소로 만들어지고 있다. 인간의 조리 행동을 모방할 수 있는 인공지능의 발달은 전통적인 조리 과정을 기초로 하여 재료의 배합과 조리동작의 자동화를 이루어 향후 조리에 드는 시간과 노력을 많이 절약할 수 있는 문화로 변화하게 할 것이다.

최근 인공지능 조리는 인터넷상의 단어 조합으로 이제까지 없었던 레시피를 창조해 내고(레시피 마이닝) 이를 토대로 로봇이 요리를 창작하는 데까지 이르렀다. 이미 미국의 실리콘밸리와 중국 등에서는 레시피 마이닝과 푸드프린팅으로 요리하는 로봇이 운영하는 무인 레스토랑이 생겨날 정도로 빠르게 확산되고 있다.

조리는 농경사회부터 지속된 어느 사회나 가장 기본이 되는 활동이지만 고령 인구의 증가, 인건비 상승 등 현대사회의 여러 모순으로 인해 가정에서 만들어지거나 레스토랑에서 조리사의 손으로 만들어지던 조리를 벗어나 대량화 · 기계화된 조리를 만들어 내는 방향으로 전개되고 발전하고 있다.

인조 계란으로 만든 마요네즈

효모 균주로 만든 인공우유 퍼펙트데이

요리하는 로봇 몰리

4) 공유주방과 주방이 없는 조리

최근 외식산업을 강타한 새로운 조류는 1가구의 증가와 HMR 식품의 강세이다. 과거 김치나 장류, 장아찌처럼 각 가정에서 담가 먹던 식품이 장기 보존 공산품으로 이전된 역사처럼 이제 각 가정이 매일 만들어 먹던 일상식마저 빠르게 공산품으로 전환되고 있다. 이런 조류는 가정에서뿐만 아니라 외식산업계에도 확산되어 각종 소스, 기본 식재료 믹스를 기성품(ready made 제품)으로 전환하는 것이 원가와 인건비를 줄이는 방향으로 인지되고 있다. 즉, 가정과 외식업소를 막론하고 주방이 줄어들고 대형 식품가공업체의 산업화로 집중되는 트랜드는 앞으로 가속될 것이다.

그러나 조리주방이 줄어드는 추세라도 맛있는 음식을 만드는 조리의 역할은 사라질 수가 없다. 인류가 필요로 하는 감각상품으로서 조리는 각 가정과 외식업소의 영역을 떠나 만인을 위한 조리, 즉 공유경제로 변화하고 있다. 먼저, 식품가공 및 개발업체에서 조리사의 고용이 늘어나고 있다. 그 이유는 그간 극히 개인적이고 실용적 지식 분야인 조리 기술과 노하우를 산업화로 연결시킴으로써 소비자를 감동시키는 HMR 제품을 만들기 위함이다.

공유주방 배민키친

두 번째로 배달식품시장의 확대를 생각해 볼 수 있다. 배달식품은 상업성이 가장 높은 모바일 판매 영역이다. 레시피의 개발과 식재료의 배합, 이를 소비자까지 연결해 주는 신유통 상품들이 속속 등장하고 있으며, 여기에 조리의 영역이 숨어 있다.

마지막으로 배달조리제품의 증가는 외식업체의 모바일화, 즉 공유주방을 통한 비용의 통제와 창의성 발현이라는 새로운 비즈니스 모델을 만들어 냈다. 그간 고가의 외식업체 창업 비용이 조리업계의 큰 부담이었다면 공유주방을 이용하여 창의적인 아이디어로 조리제품을 만들고 이를 모바일 앱을 통해 판매하는 조리사의 1인 창업이 블루오션으로 떠오르고 있다. 이미 딜리버루, 우버이츠 등 글로벌 음식 배달 앱들은 오프라인 매장 없이 온라인에서만 운영 중인 가상식당을 열었다. 한국의 경우 '배달의 민족'에서 진행하는 '배민키친'은 유명 맛집에 조리 공간을 대여하여 조리 완료 시 배민라이더를 통하여 주문 고객에게 전달하는 서비스를 진행하고 있다.

딜리버루의 온라인 전용 식당을 위한 공유주방

위쿡 공유주방

건강 편의식 거점 배송 플랫폼, 공유주방, 배달로봇 등으로 앞으로의 세계는 각 가정의 주방이 사라지는 만큼 조리 기능은 사회화되어 공유경제의 영역으로 확장되고 조리원리를 습득한 조리자의 자질이 더 중요해지고 있다.

5) 요리사들의 반란 : 로봇이 만드는 요리와 사람이 만드는 요리

예상치 않았던 식재료과 질감의 조합으로 고객을 놀라게 만들었던 엘 불리의 요리부터 시작하여 유전공학으로 만들어진 새로운 식자재와 인공지능을 탑재한 조리로봇의 출현은 수만 년간 인간만이 조리한다는 명제를 바꾸고 있다. 사회적 변화로 앞으로 점점 늘어나게 될 요리로봇의 활동은 인간이 로봇보다 더 뛰어난 요리를 만들기 위해 단순 기술의 연마나 반복훈련으로 기능을 갖는 것만으로는 기계와의 경쟁에서 이길 수 있는 방법이 아님을 시사한다. 즉, 대량화된 요리가 판치는 사회에서는 프로그램된 요리가 아니라 창의적이고 예술성이 넘치는 요리, 사람의 감정에 호소할 수 있는 조리를 해야 한다는 숙제를 던져 주었다. 에르베 티스가 주장한 분자미식은 조리사가 조리를 만드는 과정뿐만 아니라 먹는 사람의 마음을 움직이게 만드는 요리를 제공하기 위하여 사람들이 어떻게 맛을 인지하고 해석하는지 감각과학에 대한 이해를 촉구하였다.

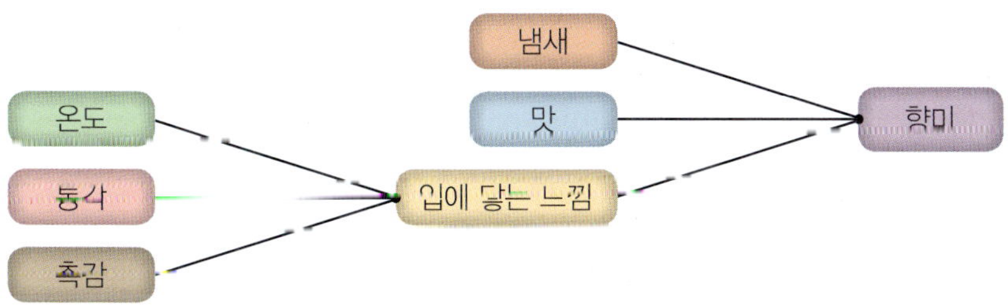

현대의 조리실에서 나타나는 인공지능과 기계화는 인간이 음식을 먹을 때 기억하는 고유한 정서와 감정적인 상관관계를 무시하며, 민족적 · 역사성이 가미되지 않는 요리이고 이들은 결국 대량생산과 편의성 · 경제적 원리에 무게를 두고 조리하게 된다.

현대인은 멋진 요리를 만날 때 시각적인 아름다움과 맛의 조화, 놀라움, 추억의 음식 등 감정적인 자극을 원하며, 이는 인공지능기계가 대치할 수 없는 것이다. 아난 페드리아의 분자요리의 기본이 사람에게 놀라움이라는 감정을 선물한 것에서 기계화 · 대량 조리화 시대의 요리가 가져야 할 조리사의 특성에 대해 통찰할 수 있다. 엘 불리의 폐업과 더불어 세계로 퍼져간 분자요리와 분자미식은 세계의 조리사들에게 새로운 조리문화를 창조해 내는 밑거름이 되고 있다.

6) 조리와 감각평가

조리를 제공하는 것은 먹는 이에게 단순히 육신의 영양 제공이라는 의미를 떠나 정서적인 만족감을 주는 공간체험예술을 제공하는 것이다. 조리미학과학은 사람의 욕구와 감각에 어필하는 요리를 만들기 위하여 조리 과정을 과학적으로 분석하고 창의적으로 해석하는 과정이다. 특히, 시각, 촉각, 미각, 후각에 대한 구성요소를 과학적으로 분석하고 사람에게 감동을 주는 요소를 극대화한다. 조리미학과학은 사람이 최종 평가자이므로 소비자의 감각평가로 그 결과를 해석하며, 요리와 과학의 맛있는 만남을 만든다.

과학과 예술이 만나는 접점에 조리가 있다.

멋진 요리를 만들고 싶다면 먼저 "왜"냐고 질문하라. 그리고 맛보고… 뒤집어 만들라.

출처: Erran Adrea(2004).

맛뿐만 아니라 외관과 색, 향, 질감 및 청각적 음식의 상태를 오감으로 평가하는 방식을 감각평가라고 한다. 이 감각평가는 사람의 감각이 기준이 되기 때문에 지금까지는 과학화하기가 쉽지 않았다. 그러나 수많은 상업적 식품 개발에서 이미 소비자 조사라는 이름으로 감각에 호소하는 맛과 트랜드를 찾아내고 있다.

로봇이 조리하게 될 미래의 주방은 지난 수천 년과는 달라질 것을 인지하여야 한다. 앞으로 조리를 전공하고자 하는 사람은 조리기술과 더불어 음식이 사람의 감각을 자극하는 방식과 호소력을 이해하고 이를 과학적 방식으로 조리에 응용할 수 있어야 한다. 먼저, 조리자 자신의 감각평가 기준을 이해하는 것이 필요하고, 음식을 먹는 사람의 감각 반응을 예측한 조리를 개발함으로써 사람의 마음을 이끌어 낼 수 있는 부가가치를 만드는 것이 조리로봇 시대를 살아가는 조리사의 능력이 될 것이다.

7) 감각평가법

새로운 조리방식 또는 새로운 제품을 개발하여 맛과 질을 평가할 경우 사람의 감각기관을 이용한 감각평가법이 이용되고 있다. 조리품의 맛과 향기, 질감 평가는 사람만이 가진 능력으로 일부 기계적인 측정도 가능하지만 사람의 감각을 대치할 수는 없다. 감각평가는 사람마다 기준과 척도가 다르고 이를 과학적으로 일관성 있는 결과를 얻기란 쉽지 않다. 그러므로 평가자를 훈련하고 올바른 통계처리 방식을 통하여 신뢰성 있는 결과를 도출하여야 한다. 또한, 제품마다 적정한 평가법이 다르므로 다양한 방식으로 평가방법을 훈련하는 것이 필요하다.

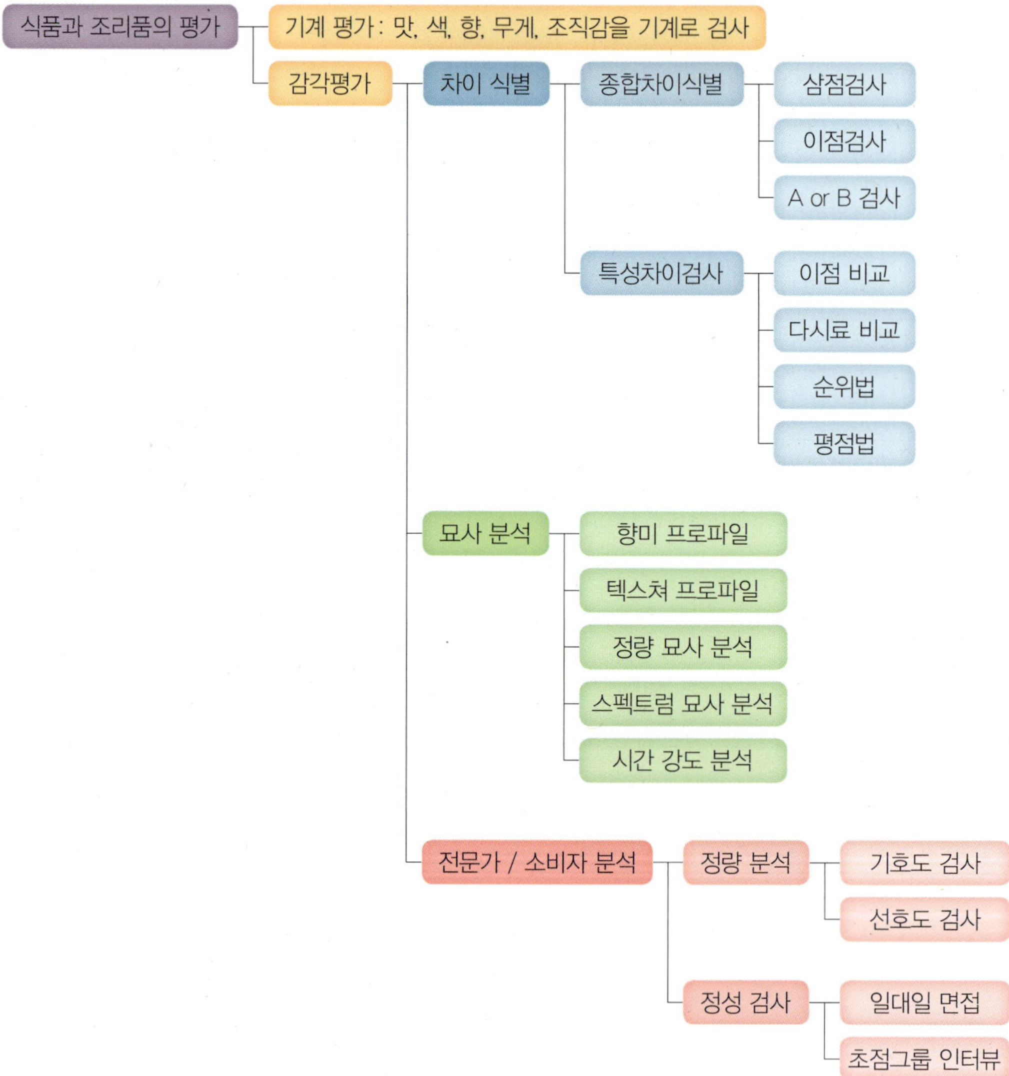

감각평가의 종류

chapter 02

미식의 과학

- Taste comes from the brain

1. 푸드 네오포비아(neophobia)와 네오필리아(neophilia)

식품과 음식을 바라보는 인간의 욕구는 자못 상반된 부분이 있다. 사람들은 안전하고 믿을 수 있는 먹거리에 대한 본능적인 의존이 있으며, 이를 인류학적으로 해석하자면 먹을 수 있는 것과 없는 것을 구별하기 어려웠던 원시시대부터 생존을 위해 발달한 본능적 감각이다. 이에 따르면 사람들은 익숙한 식재료를 사용하는 전통 조리 방식을 선호하게 된다. 낯선 식품이나 음식은 건강 위해성이 있을 수 있기에 경계의 대상이며, 고유한 식습관에 대한 도전이 된다. 다른 한편으로 사람들은 새로운 조리 방식과 신기한 식재료를 경험하고 이를 수용하면서 다양한 환경에 적응하면서 살아왔다. 누구도 같은 레스토랑에 일주일 내내 가는 것을 싫어하며, 주부는 매일 동일한 음식을 식탁에 올리지 않기 위해 메뉴를 고민한다. 이는 사람은 익숙한 것과 낯선 것에 상반되는 선호를 동시에 가지고 있다는 의미이다. 늘 먹던 것이 먹고 싶고(푸드 네오포비아) 색다른 것도 먹고 싶다(푸드 네오필리아)는 상반된 선호가 인간 심리의 근저에 동시에 작용하여 새로운 레스토랑도 탐색하고 분자요리와 같은 낯선 음식에 경탄하면서도 동시에 익숙한 맛으로 심신의 만족을 주는 컴포트 푸드(comfort food)를 추구하는 양면성이 나타나게 된다.

토마토나 감자가 처음 유럽에 소개되었을 때 이것을 먹으면 질병에 걸린다는 고정관념으로 오랫동안 토마토와 감자는 악마의 식품, 먹을 수 없는 작물로 취급되었다. 그러나 토마토를 익혀서 소스로 사용하는 요리법의 개발로 다양한 곳에 토마토가 사용되었고, 날것으로 먹을 때 독성이 있는 감자는 조리를 통하여 이용함으로써 유럽 농민들의 구황작물로 자리매김할 수 있었다. 조리의 현대적인 기능은 인간에게 내재된 푸드 네오포비아와 푸드 네오필리아라는 두 가지 본능을 조화롭게 충족시켜 새로운 음식에 대한 공포를 극복하고 영양적으로나 기호도 면에서 우수한 제품을 생산 · 개발하는 데 있다.

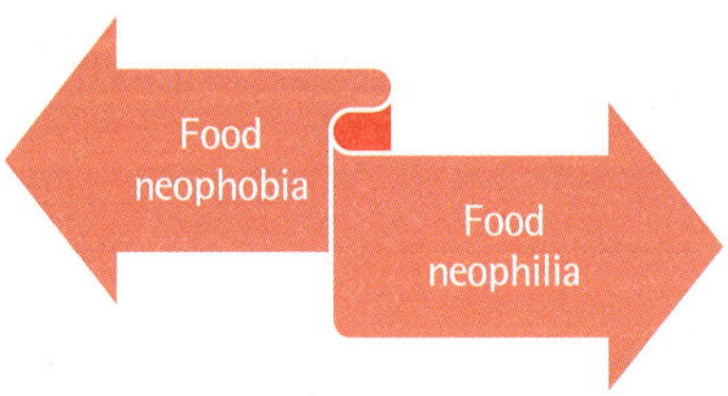

2. 플라시보 효과와 노시보 효과

사람들은 과거에 음식과 관계된 기억, 경험, 지식 등으로 맛을 미리 예측하고 결정하는 경향이 있다. 의학에서 입증된 플라시보 효과와 노시보 효과가 음식에서도 나타난다. 플라시보 효과란, 이 약을 먹으면 몸에 좋다고 의사가 알려 주면 밀가루 약을 먹어도 좋은 효과를 나타내는 것이다. 노시보 효과는 어떤 것이 건강에 나쁘다는 자기암시를 주면 신체적으로 나쁜 증상을 실제로 느끼는 것이다. 인간의 자기암시와 기억은 음식의 맛에 매우 큰 영향을 미친다. 좋은 환경에서 좋아하는 사람과 먹은 음식은 더 맛있다고 느끼며, 신체 컨디션이 안 좋거나 스트레스를 받으며 먹은 음식은 동일한 것이라도 맛이 없었다고 기억할 뿐만 아니라 이후에도 그 음식만 먹으면 배탈이 나는 등의 신체 이상 신호까지 나타난다. 음식에도 플라시보와 노시보 효과는 과학적으로 확인되고 있다.

3. 맛을 느끼는 것은 바로 뇌! : Taste comes from the brain

푸드 네오포비아나 네오필리아, 플라시보 효과와 노시보 효과가 일어나는 이유는 음식을 선택할 때 맛을 인지하는 기관이 뇌이기 때문이다. 원시시대의 인류에게 맛감각은 생존을 위한 필수도구였다. 에너지가 많은 과일이나 벌꿀을 먼저 발견하거나 독성이 있는 먹거리를 피하기 위하여 사람뿐만 아니라 동물도 단맛에 대한 인지 능력을 가지고 쓴맛을 예민하게 인식하여 거부하는 능력을 가지게 되었다. 맛을 감별하는 지각 능력은 개체의 생존 가능성을 높여 준다.

음식을 맛본다고 하면 입안에서의 감각만을 생각하기가 쉽다. 그러나 맛(Flavor)을 인지하는 감각은 입에서 느끼는 맛(Taste)만 있는 것이 아니다. 맛을 느낀다는 것은 실제 맛 수용체를 통해 전달된 정보를 뇌에서 연합 처리하여 ① 무슨 맛인지 인식하고 ② 호불호를 구별할 뿐만 아니라 ③ 더 먹겠다 또는 거부하겠다 등의 의

지적인 행동판단으로 이어진다.

사람이 뇌로 음식을 맛본다는 증거는 다음과 같다.

- 스트레스가 심한 사람의 맛감각: 뇌의 미각중추 및 포만감 중추가 마비되면 맛을 느끼지 못한다.
- 눈 감고 맛보기: 눈을 가리고 맛을 보게 하면 시각 정보에서 오는 선입견이 제거되어 음식 맛을 잘 구별하지 못한다.
- 코 막고 맛보기: 감기에 걸린 사람은 후각이 마비되어 음식의 맛을 제대로 느끼지 못한다.
- 추억의 음식: 똑같은 음식도 좋은 추억이 있거나 나쁜 추억과 결부되면 맛을 다르게 느낀다.
- 수술 등으로 청각신경을 다쳤을 때 맛감각을 상실하는 환자의 예가 있다.

맛을 느끼는 것이 뇌라는 의미는 혀 속의 미각 수용체가 미각을 내는 화학물질과 결합하지만 이것을 달다 또는 쓰다고 판단하는 것은 뇌라는 뜻이다.

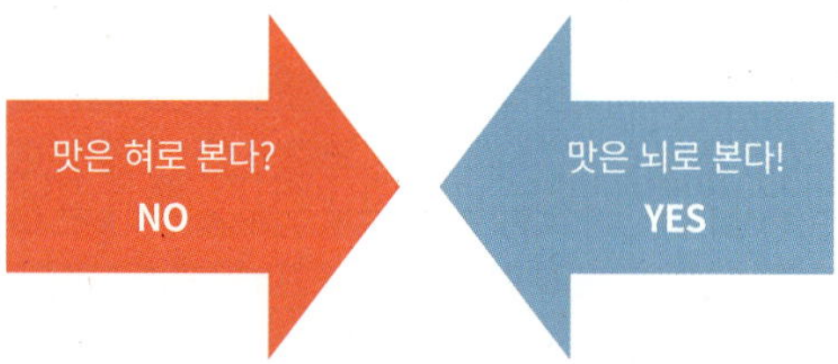

맛을 느끼는 기관

4. 맛의 인지를 수용하는 감각기관 수용체와 자극물질

- 미각 : 맛 분자(단맛, 짠맛, 신맛, 쓴맛의 분자)
- 후각 : 향기 분자(냄새 수용체를 자극하는 미세 분자)
- 촉각 : 촉각 수용체와 압력을 자극하는 기계적 · 화학적 자극
- 온도감각 : 온도 수용체(온감, 냉감) 자극
- 통각 : 통증감각, 마비감

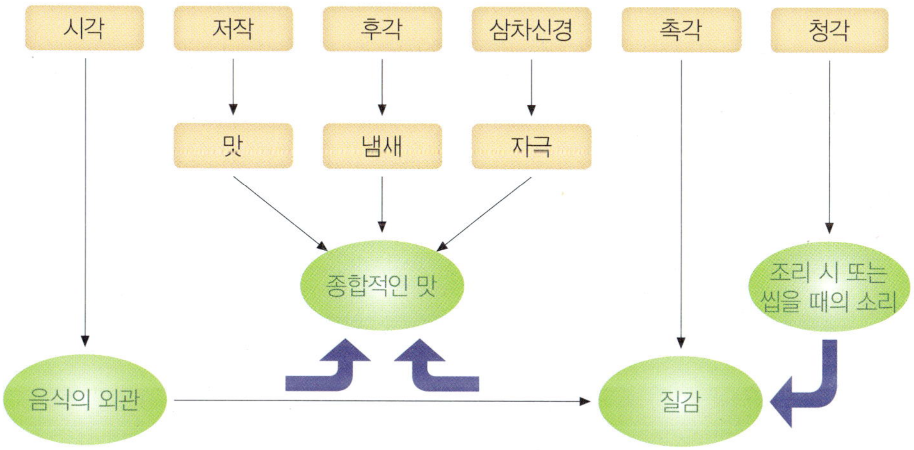

맛은 오감으로 인지된다.

5. 미각신경의 정보 전달

1) 미각반사

음식에 대한 자극은 먼저 시각, 후각 등 원거리 정보에 의해 해당 신경을 타고 뇌의 연수 부위에 있는 고립로핵으로 전달된다. 고립로핵은 신맛을 내는 음식을 보거나 생각만 해도 입안에서 침이 고이고, 맛있어 보이는 음식을 보면 위에서 소화액이 흘러나오거나 장이 움직이는 등 일련의 조건반사를 일으키게 하는 장소이

다. 이렇게 음식을 먹지 않아도 입에서 침이 고이고 위가 움직이며, 소화액과 호르몬이 나오는 등의 반응을 미각반사라고 한다.

미각반사

신맛을 보는 순간 입안에 침이 고인다.

2) 맛의 인지

음식을 먹으면 맛 성분이 미각세포에 닿으면서 맛의 정보가 전달되기 시작된다. 음식을 구성하는 맛 성분이 말초조직인 구강의 혀 상피에 분포하는 '미뢰'의 맛 세포에 수용되기 위해서는 먼저 침에 의해 맛 성분이 녹아야 한다. 침샘의 작용이 약한 노인이나 구강건조증 환자는 맛을 느끼기 어려운 이유가 여기에 있다.

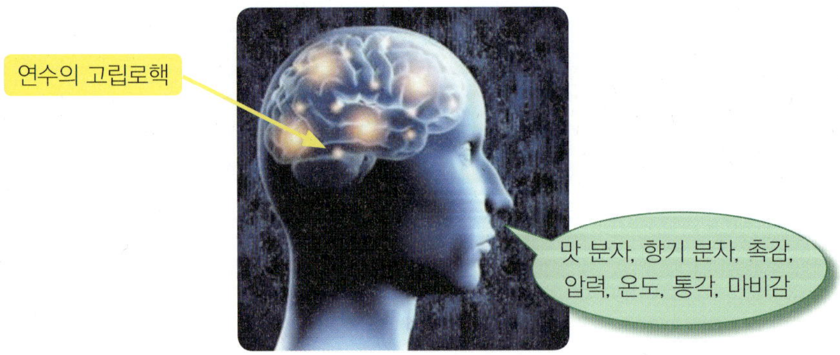

연수의 고립로핵

미각 신경들이 도달하여 내장기관의 활성을 감지하고 체중을 조절하는 역할을 한다.

타액에 녹은 맛 성분은 미뢰 속의 맛세포 수용체와 결합하고 신호전달체계를 거쳐 맛신경으로 정보가 전달된다. 최종적으로 중추조직인 뇌의 미각 영역에 정보가 도달하면 여기에서 처음으로 단맛 · 짠맛 · 쓴맛 · 신맛 · 감칠맛과 같은 맛으로 판별하고, 동시에 그 맛의 좋고 싫음을 판별하게 된다. 결국, 맛은 입안에서 감지되어 뇌에서 인지되는 것이라 할 수 있다. 맛을 감지하는 능력은 사람에 따라 그리고 맛 성분의 종류에 따라 차이가 있으며, 그 능력은 훈련을 통해서 변할 수 있다.

최근 뇌과학이 발달하면서 뇌의 일정 부분은 단맛에 반응을 보이는 신경세포가 모여 있고 다른 부분은 쓴맛에 활성화되는 것이 알려졌다. 쥐의 뇌에서 단맛을 인지하는 신경세포를 전기적으로 자극하면 쥐는 맹물을 마시면서도 설탕물을 마시는 쥐처럼 물을 탐식하는 모습을 보였다. 비슷하게 쓴맛을 인지하는 신경세포를 레이저로 자극하면 설탕물을 맛보자 쓴 물을 마시는 것처럼 기피하는 행동을 보였다. 대뇌피질에서 단맛과 짠맛, 쓴맛을 담당하는 신경들이 모여 있는 곳이 미각중추이며, 각 부분별로 뇌의 맛지도를 그릴 수 있다.

연구에 의하면 미각피질의 영역별로 맛을 인지하기 때문에 혀에서 오는 신호가 없더라도 미각피질을 부위별로 자극하면 각 맛을 느낄 수 있다.

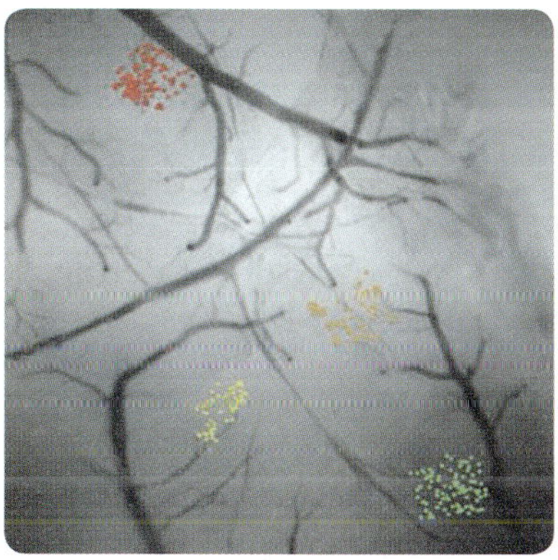

맛에 따라 다른 뉴런들이 뇌 미각피질 부위에서 독립적으로 활성화된다.

쓴맛(빨간색), 짠맛(오렌지 색), 감칠맛(노란색), 단맛(녹색) 뉴런의 위치를 보여 준다.

출처: Gui chard(2007).

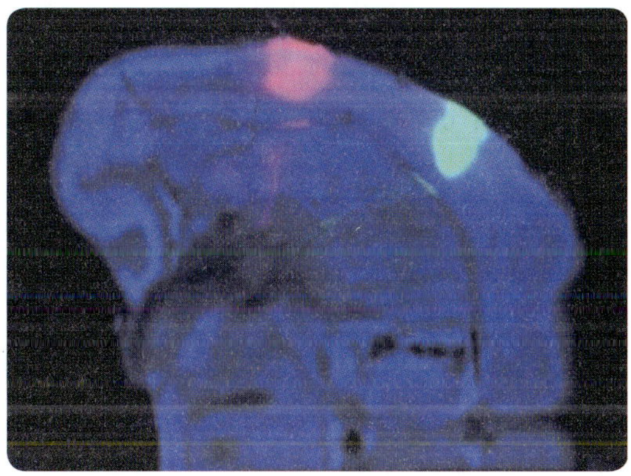

쥐의 대뇌피질 중 단맛을 인식하는 부위(적색)와 쓴맛을 인식하는 부위(녹색)

이 부위의 뉴런이 활성화되면 각각 단맛과 쓴맛을 느끼게 된다.

출처: Gui chard(2007).

3) 미각과 정서적 판단

맛에 대한 정서적인 반응, 즉 어떤 음식을 좋아하는지 싫어하는지는 대뇌피질에서 결정되는 것이 아니다. 대뇌로 전달된 맛 정보는 다시 신경세포를 타고 편도체로 이동하여 음식에 대한 정서적인 반응을 결정하게 만든다.

음식의 맛과 향에 대한 호불호의 판단은 편도체가 단독으로 진행하는 선천적인 판단과 대뇌피질의 정보가 축척 · 통합되어 다시 편도체로 전달되는 후천적인 판단이 있다. 단맛에 대한 선호, 쓴맛과 신맛에 대한 기피는 타고나는 것으로 자연계 모든 생물에서 동일하게 나타난다. 반면, 후천적으로 통각을 자극하는 매운맛을 탐닉하거나 상추나 머위, 쓴 오이 등의 쓴맛에 대한 기호가 증가하는 것은 후천적으로 획득한 맛 정서 판단이다. 이러한 후천적 판단은 편도체뿐만 아니라 대뇌 전체가 연합으로 작용하는 통합판단이다.

과거에 동일한 음식을 먹었을 때의 경험, 현재 배가 고픈지 부른지의 상태 정보, 누구와 함께 어떤 환경에서 먹고 있는지의 환경 인식, 이 음식이 몸에 좋은 것인지 아닌지의 영양 성분 정보 등의 다차원 정보가 편도체에서 통합되면서 이 음식이 좋다 또는 싫다, 지금 이 음식이 먹고 싶다 먹고 싶지 않다 등의 정서적인 반응을 유도해 내고 섭식행동을 결정하게 된다. 편도체가 마비된 동물은 맛을 느낄 수는 있지만 특정 맛에 대한 선호도와 섭식 행동에 영향을 미치지 못한다는 실험결과도 있다.

특히, 미각과 후각은 기억을 자극하는 경향이 강하다. 즐거운 분위기나 좋은 추억이 있는 음식은 더 맛있게 여겨지거나(미각기호학습) 아플 때 먹은 음식, 공포감이나 혐오를 유발한 기억이 있는 음식은 맛이 없다고 인지하는 편향성(미각혐오학습)이 후천적으로 나타난다.

6. 혀의 구조와 맛 수용체 분포

혀에는 단맛과 신맛, 짠맛과 쓴맛 물질과 결합하는 4종류의 미각 수용체가 있다. 각 수용체는 모양과 크기가 다르고 혀에서 분포 농도도 다르다. 맛물질과 수용체는 마치 열쇠와 자물쇠처럼 딱 맞는 상보 구조를 가지고 있다. 맛의 신호는 맛을 내는 성분이 타액에 먼저 녹아 미뢰에 스며들고 미뢰 내 미각세포와 결합하면서 전기적 신호를 발생한다.

단맛 수용체는 주로 혀끝에 많이 분포하며, 신맛 수용체는 혀의 양 옆에 많다. 짠맛 수용체는 혀 전체에 분포하되 측면부 농도가 상대적으로 높으며, 쓴맛 수용체는 혀뿌리 후두 부분에 집중되어 있다. 학자들은 혀의 맛 수용체의 분포가 발생학적으로 선사시대 식량을 찾아 떠돌던 원시인들이 단맛이 나는 과일을 맛보기 좋게 혀끝에 위치하고 다른 맛보다 더 단맛에 예민하게 진화되었다고 주장한다. 마찬가지로 약리작용이 있는 쓴맛이 느껴지면 삼키기 전에 뱉을 수 있게 후두에 집중적으로 쓴맛 수용체가 있다고 한다.

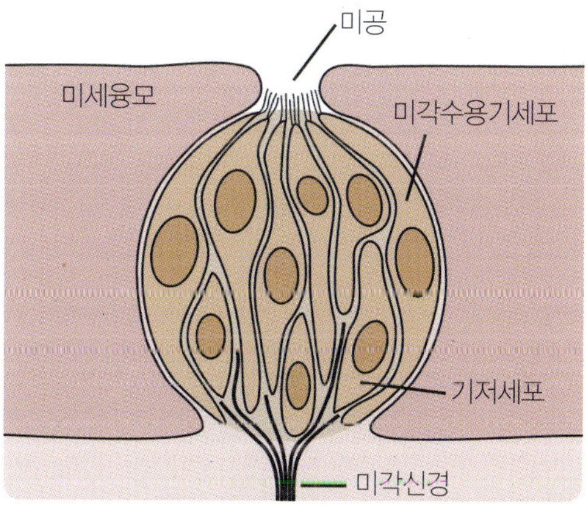

허외 미각세포 종류와 구조

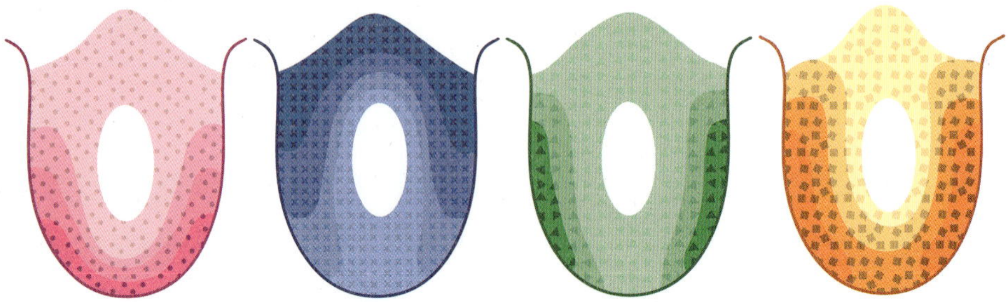

맛을 잘 느끼는 부위

1) 정미물질의 정체

각 맛을 인지하도록 유도하는 정미물질은 저분자 화학물로 당분과 같은 영양 성분 또는 염과 산, 카페인이나 사포닌처럼 쓴맛을 내는 약리작용을 하는 물질이다. 대표적인 맛의 정미물질은 다음과 같다.

- 단맛 : 단당류(포도당, 과당, 갈락토스) 이당류(설탕, 유당, 맥아당) 당알코올류
- 짠맛 : 나트륨염(소금), 마그네슘염(간수), 구리염, 칼륨 기타
- 신맛 : 수소이온(H^+)을 내는 유기산(시트르산, 구연산, 호박산, 초산, 유산)
- 감칠맛(umami) : 글루탐산나트륨(MSG), 이노신산, 핵산, 글리신 등 수용성 아미노산으로 풍미증진제(flavor enhancers)로 사용

직접 맛 수용체와 결합하는 맛물질은 아니지만 혀에 불특정 자극을 줌으로써 맛을 증가 또는 감소시키는 정미물질도 있다. 떫은맛은 혀의 미뢰가 마비되어 생기는 맛감각이며, 청량감은 당알코올 등에 의한 수렴성 자극이다. 열감은 수용체와 결합했을 때 미세한 온도 차이를 만드는 감각이며, 매운맛은 입과 코의 통각을 자극하여 느끼는 통증으로 맛에 영향을 준다. 단맛, 짠맛, 신맛, 감칠맛 이외에도 음식의 맛에 영향을 미치는 기타 맛물질의 성분은 다음과 같다.

- 떫은맛 : 탄닌 · 폴리페놀 성분
- 청량감 : 멘톨 · 페퍼민트 · 자일리톨 성분
- 열감 : 후추, 겨자, 고추 등의 특수 성분
- 매운맛 : 통증을 느끼게 하는 자극물질(마늘), 열감을 느끼게 하는 물질(고추)

2) 맛의 역치(Threshold)

모든 자극은 강도가 일정량을 넘어갈 때 그 자극의 결과를 인지할 수 있으며, 감각기관이 인지할 수 있는 최소한의 자극을 역치(Threshold)라고 한다. 어떤 물질의 수용액을 극히 희석된 용액에서부터 점차 농도를 높여 가며 맛을 볼 때 어느 농도 이상에서 그 물질의 맛을 감지할 수 있게 되는데 이 농도를 맛의 역치라고 한다.

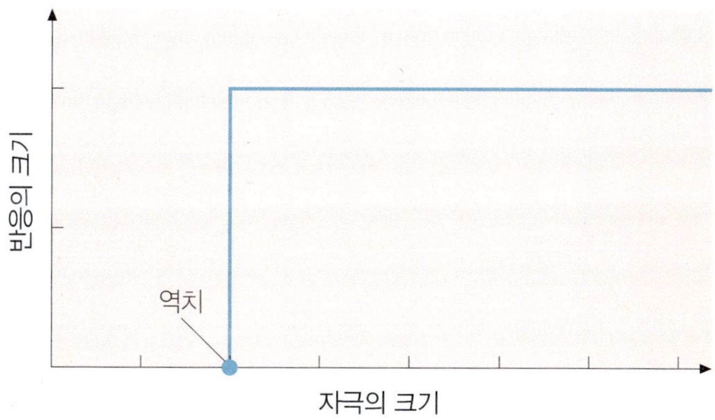

맛의 역치

단맛, 짠맛, 신맛, 쓴맛, 감칠맛을 느낄 수 있는 역치 농도는 자극마다 다르다. 같은 맛도 역치가 사람마다 비슷할 수는 있지만 개인별, 문화권, 인종별로 동일하지 않다. 네 가지 기본 맛 중 역치는 단맛 > 짠맛 > 신맛 > 쓴맛의 순으로 나타난다. 즉, 사람들은 대개 미미한 양의 단맛 성분은 잘 감지하지 못하는 대신 쓴맛은 아주 미량만 존재하여도 쓰다고 느낄 수 있다.

최소 농도를 인지하는 역치값은 사람마다, 민족 또는 지역과 직업, 활동량에 따라 다르다. 그러므로 조리자는 본인의 단맛, 짠맛 등에 대한 역치를 파악하고 있어야 하며, 동시에 조리를 제공할 고객과 지역사회의 맛에 대한 상대적인 역치를 파악해야 한다.

7. 뇌의 미각 기억 : 임신 중 엄마의 식습관이 아기의 뇌를 바꾼다

전통적으로 한국에서는 태교를 중시하며, 특히 산모가 임신 중 먹는 음식에 대한 금기가 많다. 임신 중 태교 음식에 대해 흥미 있는 해석을 할 수 있는 연구결과가 「영국왕립학회보(*vProceedings of Royal Society*)」에 실렸다. 이스라엘 하이파 대학 토드라크(Todrark) 박사팀은 한 그룹은 아무 향이 없는 담백한 사료를, 다른 그룹은 향을 넣은 사료를 임신한 쥐에게 먹이고 나중에 태어난 아기 쥐가 젖을 뗀 뒤 어떤 사료를 더 선호하는지 관찰하였다. 향이 없는 사료를 먹은 그룹에서 태어난 어린 쥐들은 두 종류의 사료에 대해 특정한 선호가 없는 반면 향이 있는 사료를 먹은 그룹에서 태어난 쥐들은 모두 향 사료를 선택하였다. 또한, 향이 든 사료를 먹은 그룹은 구조적으로 후각신경을 담당하는 후각신경의 사구체가 현저하게 발달하였음을 보였다.

이런 결과는 엄마의 식습관에 의해 태아가 자궁에서 특정한 냄새와 맛에 노출되면 그 맛을 담당하는 뇌의 발달에 영향을 주고 이에 의해 그 맛을 기억하고 선호하는 길들임 현상이 나타나는 것이라고 토드라크 박사는 해석하였다.

8. 슈퍼테이스터(Supertaster)와 논테이스터(Nontaster), 그리고 식품 선택

사람마다 맛을 감지하는 능력이 다른 것은 널리 알려져 있지만 그 차이는 생각보다 크다. 또한, 맛을 인지하는 능력뿐만 아니라 선호하는 맛과 회피하는 맛이 인종별로 차이가 있다. 한국인이 좋아하는 참기름 향을 유럽인은 스컹크 향으로 느끼고 피한다.

1930년대에 phenylthiocarbamide(PTC)라는 쓴맛 물질에 대해 쓴맛을 인지하는 사람과 인지하지 못하는 사람이 있다는 것이 발견된 이후로 맛을 인지하는 데는 유전적인 요소가 있음을 알게 되었다. phenylthiocarbamide(PTC)의 맛을 인지하지 못하는 사람을 미맹이라고 한다.

PTC 미맹인 사람은 쓴맛 인지를 감지하는 단백질 중 하나인 'TAS2R38' 유전자의 특정 염기서열이 일반인과 달라 발생한다. 미맹인 사람은 쓴맛을 못 느끼므로 쓴 채소나 쓴 음식의 섭취 비율이 높다는 연구도 있다.

유전적으로 맛에 민감한 사람(supertaster)과 맛에 둔감한 사람(nontaster)이 있으며, 슈퍼테이스터는 단맛과 쓴맛을 유난히 더 예민하게 느낀다. 슈퍼테이스터가 단맛과 쓴맛을 예민하게 느끼는 이유는 혀의 미뢰 숫자가 논테이스터보다 훨씬 많기 때문이다. 슈퍼테이스터는 혀 1cm^{2}당 약 400~500개의 미뢰를 가지고 있고 논테이스터는 약 100여 개 미만의 미뢰를 가지고 있다. 따라서 슈퍼테이스터는 같은 자극에도 더 예민하게 맛을 느끼게 된다.

반면, 논테이스터는 같은 농도의 자극에도 약한 느낌을 받기 때문에 일반인이나 슈퍼테이스터보다 더 달게, 더 짜게 먹는 경향이 있다. 일반인은 100~400개 사이의 미뢰를 가지고 있다. 또한, 슈퍼테이스터는 단맛, 짠맛, 신맛, 쓴맛, 감칠맛과 더불어 지방을 다른 맛으로 인지한다는 주장도 있다. 맛에 민감하지 않은 사람의 경우 지방 맛을 잘 느끼지 못하며, 따라서 고지방 식품에 대한 선호도도 높다는 보고로 입맛과 식품 선택의 유전성이 있을 수 있음을 보고하였다.

감각평가: 저작 실험

- 목적: 동일한 음식도 저작 방식에 따라 맛이 다르게 인지됨을 확인하자.
- 준비물: 당근, 오이, 레몬젤리스틱 각 1개, 칼, 도마
- 결과

당근			
오이			
레몬			

- 토론: 재료의 수분량, 단맛과 신맛이 씹는 방식에 따라 다르게 느껴지는 것을 느껴 보자.

chapter

03

미각의 과학

- 맛의 상호작용

음식의 맛은 한 성분이 아닌 다양한 성분이 복합적으로 작용하며, 역치 이하의 농도에서도 서로 영향을 주면서 맛을 형성한다. 맛 분자들이 모여서 각각의 감각 강도를 변화시킬 수가 있는 것을 맛의 상호작용이라 한다. 맛의 상호작용에는 상승효과, 대비효과, 억제효과, 온도효과 등이 있다.

1. 맛의 상승효과

맛의 상승효과란, 유사한 맛의 정미물질을 섞으면 각각 단독으로 사용하였을 때보다 맛의 강도가 더 강해지는 현상을 말한다.

1) 단맛

달다고 다 같은 단맛은 아니다. 단맛을 내는 성분들은 그 구조에 따라

- 당도의 세기 :
- 당도의 길이 :
- 단맛의 결 :
- 단맛의 온도감 :

(1) 천연 단맛의 세기

자연계에는 다양한 단맛 재료가 있고 이들 단맛 재료는 각각 다른 단맛과 강도로 인지된다.

천연 단맛 물질의 상대 감미도

단맛 물질	상대 감미도	함유 식재료	단맛 물질	상대 감미도	함유 식재료
설탕	1	사탕수수, 팜슈거	전화당	1.2	사탕, 가공당
포도당	0.7	포도	유당	0.3	우유, 요거트
과당	1.4~1.7	꿀, 과일	갈락토스	0.6	모유
맥아당	0.6	엿기름, 식혜, 물엿	올리고당	0.8	물엿, 청량음료

※ 설탕의 당도를 1로 기준을 잡았을 때 단맛 물질의 상대적 감미도이다.

※ 꿀–전화당–설탕–올리고당–물엿–유당의 순으로 단맛이 약하게 느껴진다.

(2) 전화당

설탕을 산으로 분해하면 과당과 포도당이 구성비대로 만들어진다. 이렇게 과당과 포도당이 1:1로 혼재된 당을 전화당이라고 한다. 전화당은 원래의 설탕이나 구성원소인 포도당이나 과당과도 다른 강도의 단맛을 준다.

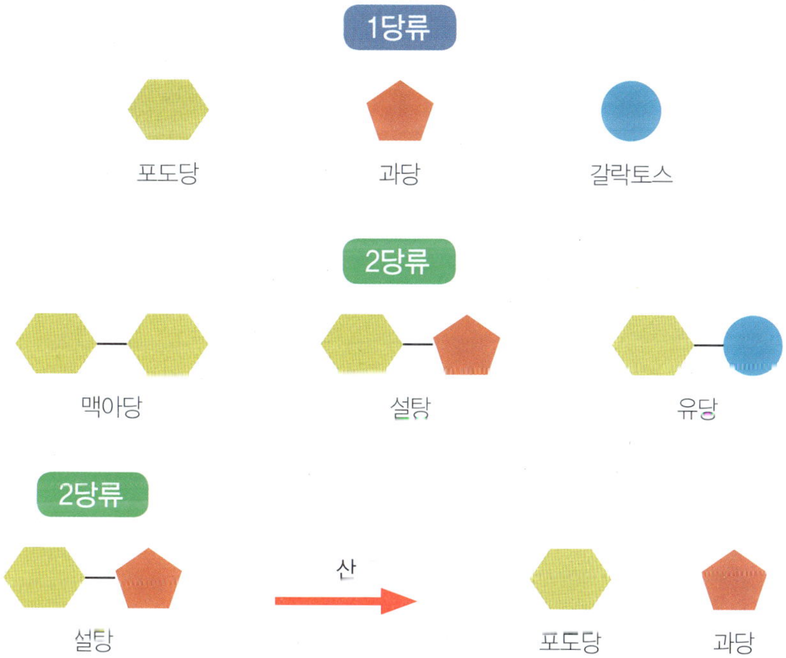

전화당의 맛: 설탕이 레몬즙에 녹으면 더 달아지는 원리

재료의 배합 순서가 중요한 이유

초고추장이나 초간장 등 식초와 설탕 그 외 기타 양념을 넣어 만드는 조리에서 재료의 배합 순서에 따라 단맛 정도가 달라진다. 먼저, 식초와 설탕을 혼합하면 설탕이 전화당이 되어 더 강한 단맛이 난다. 다른 재료를 먼저 넣고 식초, 설탕을 첨가하면 식초가 희석되어 설탕을 전화당으로 바꾸지 못하여 더 가벼운 설탕의 단맛만 느껴진다.

(3) 인공적인 단맛의 세기

단맛 물질	상대 감미도	단맛 물질	상대 감미도
자일리톨	0.7	사카린	400
아스파탐	200	스테비오사이드	300

※ 설탕의 당도를 1로 기준을 잡았을 때 인공 단맛 물질의 상대적인 감미도이다.

(4) 단맛의 길이감

단맛 물질이 수용체와 얼마나 오래 결합하여 자극을 길게 주는가에 따라 길이감이 다르다. 자극이 길게 가는 단맛과 짧게 사라지는 단맛이 있다.

- 포도당–설탕–과당의 순서로 단맛의 길이가 짧아진다.
- 단맛의 강도와 길이를 조합하여 적정한 단맛을 선택하면 조리의 품격이 올라간다.

토론 단맛의 길이의 차를 이용하여 적정한 단맛을 조화시키는 조리 예를 찾아보자.

2) 단맛의 상승효과

각각의 단맛 재료는 다른 재료와 섞이면 맛이 달라진다.

- 단맛 재료들을 섞으면 더 미묘한 단맛이 난다.
- 단맛은 식초를 만나면 더 부드러워진다.
- 단맛은 소금을 만나면 더 무거워진다.
- 단맛은 감칠맛을 만나면 더 달아진다.

토론 단맛의 상승효과를 보이는 조리 예를 찾아보자.

3) 감칠맛의 비밀 : 풍미제

경험적으로 건조 다시마의 겉 부분에 가루처럼 묻어 있는 L-글루탐산이 다른 맛을 향상시켜 주는 것으로 알려졌다(육수를 낼 때 다시마를 넣는 이유). 4가지 기본 맛과 달리 독립된 수용체로 맛 전달에 기여하는 감칠맛 성분은 간장, 된장, 고기즙, 조개류, 젓갈류, 버섯과 토마토 등의 채소에 많이 들어 있다. 천연재료에서 감칠맛 성분을 추출하여 화학적으로 제조한 것이 MSG 등 발효조미료나 핵산조미료이다.

감칠맛을 내는 육수 재료

4) 감칠맛의 상승효과

감칠맛의 재료는 20여 개의 아미노산과 핵산물질이다. 글루탐산(다시마), 이노신산(멸치), 구아닌산(버섯), 글리신(조개), 알라닌(김), 아스파라긴산(콩나물) 등이 다 다른 종류의 감칠맛을 낸다. 각각 감칠맛 재료는 각각의 감칠맛을 내지만 이들을 섞으면 더 오묘한 감칠맛이 난다. 글루탐산나트륨과 이노신산(5'−IMP)을 섞으면 감칠맛이 강해진다. 나라마다 육수를 제조할 때 이런 감칠맛의 상승효과를 이용하는 경우가 많다.

감칠맛의 상승효과

식품	MSG	IMP	GMP	대표 재료
고기류	+	++++		닭 뼈 등 부산물도 이용
생선류	+	++++		멸치, 가쓰오부시
게, 새우	+	++		갑각류의 껍질 부위
오징어, 문어	++	+		
말린 오징어		++++		
조개	+++			
다시마	++++			
말린 표고버섯	++		++++	
채소	++			토마토, 양배추
단백분해물	++++			된장, 간장, HVP
김	+++	+	+	

나라별로 선호하는 육수의 재료 배합이 있다. 대개 아미노산 풍미제와 핵산 풍미제 재료를 섞어 씀으로써 감칠맛을 극대화하는 경향이 있다.

국가별 전통 육수 조합

국가	글루탐산 원천	이노신산 원천
일본	다시마	가쓰오부시
한국	다시마	멸치
중국	배추, 파	닭 뼈
프랑스	양파, 당근, 셀러리	쇠고기
이탈리아	토마토	쇠고기

2. 맛의 대비효과

다른 맛 성분 한 가지를 소량 첨가하면 주된 맛 성분에 대한 감각을 변화시키는 현상을 맛의 대비효과라고 한다. 예를 들어, 단맛에 소금을 소량 첨가하면 단맛이 강하게 느껴지며, 멸치나 다시마 국물, 가쓰오부시 국물을 우릴 때 소금을 첨가하면 맛이 좋아진다.

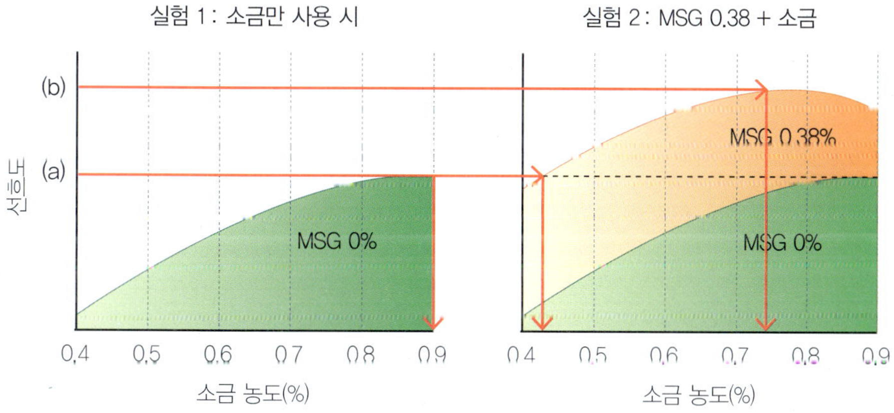

짠맛과 감칠맛의 대비효과

소금은 다른 중심 맛에 대해 대비효과를 일으키기 쉬운 맛 성분으로 소량 첨가하면 식품 본래의 맛을 끌어내는 역할을 한다. 특히, 소금이 맛대비효과를 내는 조리 예는 다음과 같다.

- 옥수수를 삶을 때 소금을 넣으면 단맛이 강해짐
- 팥죽에 소금을 미량 첨가하면 단맛이 더욱 강해짐
- 멸치나 다시마 국물, 가쓰오부시 국물을 우릴 때 소금을 첨가하면 맛이 좋아짐
- 수박, 토마토, 오렌지 등의 과일에 소량의 소금을 뿌려 먹으면 더 달게 느껴짐

짠맛이 단맛에 대한 대비효과를 나타내는 예 : 수박 + 소금

3. 맛의 억제효과

두 종류 이상의 다른 맛을 섞으면 한쪽 또는 양쪽 맛이 약해지는 현상을 말한다.

1) 쓴맛의 생리학

식품 중 쓴맛을 내는 물질들은 약성과 독성의 생리적인 기능이 있다. 원시인류는 오랜 채집 활동 역사로 인해 쓴맛을 내는 식품이 약성 또는 독성이 있음을 알게 되었다. 사람의 혀에서 쓴맛 수용체는 후두부에서 자연히 쓴맛이 느껴지는 순간

삼키기 전에 바로 뱉어내도록 진화되었다고 학자들은 말한다. 쓴맛은 매우 미량만 있어도 혀에서 예민하게 감지가 되는 가장 센시티브한 맛이다.

쓴맛을 내는 채소들(더덕, 고야, 치커리)

2) 쓴맛을 내는 식품과 약 성분

- 사포닌(인삼, 도라지)
- 카페인(커피)
- 카테킨(차)
- 테오브로민(카카오)
- 호프(맥주)
- 폴리페놀 : 파슬리, 쑥, 치커리, 민들레, 엔다이브, 레몬 껍질
- 에탄올(술)

쓴맛뿐만 아니라 떫은맛 성분이나 탄산 등은 혀의 미뢰 구조를 일시적으로 마비시켜 맛 성분이 수용체와 결합하는 것을 방해하여 맛을 억제하는 역할을 한다.

- 탄닌(차)
- 맨톨(페퍼민트)
- 청량감(탄산, 자일리톨 등)

3) 쓴맛의 활용

현대 사회에서 쓴맛과 떫은맛은 그 자체가 적절한 자극으로 다른 맛의 악센트 또는 균형감을 주는 역할을 한다.

- 쓴맛은 오래 지속되는 특성이 있다.
- 쓴맛은 다른 맛을 약화시켜 소량 사용 시 깊이감과 무게감을 준다.
- 쓴맛과 단맛은 서로를 약화시킨다(특히, 쓴맛이 빨리 가신다).
- 쓴맛에 소금이나 산이 들어가면 쓴맛이 약해진다.

'고상한 쓴맛'으로 알려진 식품

4) 설탕의 맛 억제효과

일반적으로 설탕은 다른 것들의 맛을 약화시킨다. 예를 들어, 레몬즙이나 밀감에 설탕을 첨가하면 신맛이 약해지고 설탕 용액에 산이나 카페인을 첨가하면 단맛이 부드러워진다(신맛이 나는 귤이나 매실에 설탕을 넣으면 신맛이 부드러워짐. 커피에 설탕을 넣으면 쓴맛이 줄어드는 것).

신맛과 단맛은 서로를 부드럽게 한다. 예를 들어, 레몬즙이나 귤, 매실에 설탕을 첨가하면 신맛이 부드러워지고(신맛 약화) 설탕 용액에 약산이나 카페인을 조금 첨가하면 단맛이 부드러워진다(단맛 약화).

5) 소금의 맛 억제효과

소금은 다른 맛은 강화하지만 신맛은 억제하여 강한 자극을 부드럽게 한다. 예를 들어, 우메보시나 초회에 소금 첨가 시 신맛이 부드러워진다.

소금은 글루탐산나트륨과 이노신산을 첨가하면 깊은 맛으로 느껴지고 시트르산(citric acid) 용액에 설탕, 소금을 첨가하면 신맛이 약해진다. 또한, 소금이나 산을 첨가하면 쓴맛이 약해진다.

6) 기타 맛 성분의 억제효과 예

- 매운맛은 쓴맛을 감소(상추쌈에 고추장 : 쓴맛 약화)
- 짠 국물에 글루탐산나트륨과 이노신산 첨가 시 깊은 맛으로 느껴짐(짠맛 약화)
- 신맛에 소금과 오일을 첨가하면 신맛이 약해짐(샐러드, 초회)

4. 맛의 온도효과

동일한 음식도 뜨겁게 또는 차갑게 먹을 때 맛의 인지 정도가 달라지는 것은 흔히 경험하는 바이다. 그 이유는 맛 성분이 온도에 따라 이성질체 구조적 변화를 가져와 수용체와 결합 정도가 달라지기 때문이다.

1) 단맛의 온도효과

단맛은 온도에 따라 다르게 느껴진다.

예 1 미지근한 수박 맛있나요?
과당만의 특징 :

예 2 아이스 음료에는 설탕을 더 넣게 된다?
포도당은 온도에 따른 구조 변화가 적다(물엿, 벌꿀은 온도 차이 없음).

과당은 차가우면 알파형, 뜨거우면 베타형으로 형태가 변하면서 맛감각이 달라진다.

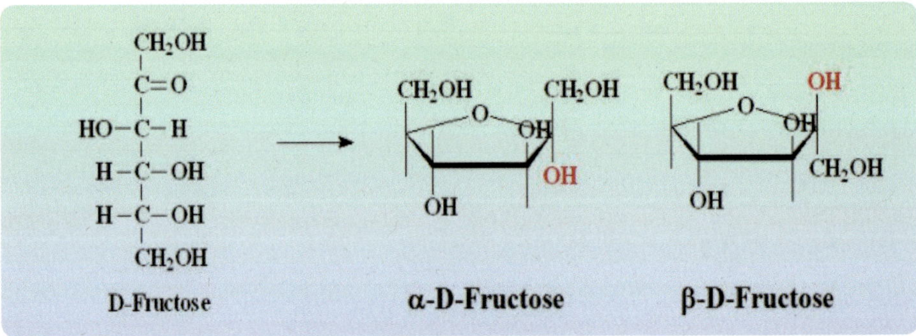

과당의 이성질체 모양

2) 짠맛의 온도효과

온도가 높을수록 같은 소금 농도도 싱겁게 느껴지고 식을수록 더 짜게 인지된다(예 : 국이나 된장찌개, 냉국 간 맞추기).

3) 쓴맛의 온도효과

온도에 따라 쓴맛의 수용성이 달라진다. 뜨거우면 덜 쓰게 느껴지고, 차가우면 더 쓰게 느껴진다(예 : 커피와 홍차의 물 온도).

또한, 와인의 제공 온도는 쓴맛에 영향을 준다.

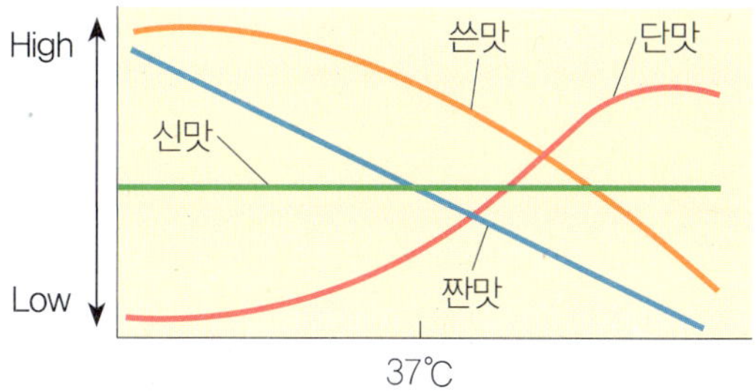

맛과 온도 그래프

4) 과일이 제일 맛있는 온도

과일은 대개 당도와 산 성분이 같이 들어 있기 때문에 온도의 영향을 크게 받는다. 동일한 신맛에도 온도 변화에 따라 단맛이 더 강하게 느껴지기도 하고 약하게 느껴지기에 간섭이 일어난다(과일처럼 단맛과 신맛을 함께 함유한 음식물은 온도가 높으면 달게 느껴지고 온도가 낮으면 신맛이 강하게 느껴진다).

과일이 제일 맛있는 온도

품목	가장 맛있는 온도(℃)
수박	8~10
참외, 배, 사과, 포도, 단감, 자두, 멜론	5~7
복숭아, 망고, 바나나	15
토마토	12~13
연시	8~13

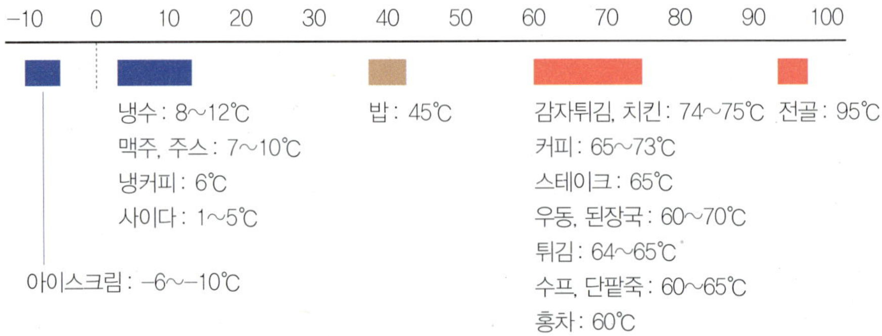

음식이 맛있게 느껴지는 온도

5. 맛의 변조현상

신맛을 본 뒤 단맛을 맛보거나 짠맛을 본 뒤 신맛을 맛보면 나중의 맛이 제대로 느껴지지 않은 경험을 해 본 적이 있을 것이다. 이렇게 한가지 맛을 느낀 직후에 다른 맛을 보면 정상적인 맛이 느껴지지 않는 경우를 맛의 변조현상이라고 한다. 예를 들어, 칫솔질 후 치약의 맛 때문에 과일의 단맛을 느끼지 못하고 쓰게 느껴지거나, 단 디저트를 먹은 후 덜 단 과일을 먹으면 신맛이 강하게 느껴지는 것, 맛이 쓴 약이나 채소를 먹은 뒤 맹물에서도 단맛이 느껴지는 것 등은 일상적으로 경험할 수 있는 대표적인 변조현상이다. 드문 경우이지만 특수과일(Synsepalum sulcificum)의 씨앗을 먹으면 그다음에 먹는 모든 신맛을 단맛으로 느끼게 만드는 특별한 화학 성분이 들어 있는 경우도 있고 열대 식물인 가가이모과(Gymneam sylverstre)의 잎을 씹으면 단맛과 쓴맛을 구별할 수 없는 사례가 보고되는 등 다양한 변조현상이 나타난다. 이들 과일이나 잎의 화학물질은 맛감각 인지와 신경 전달에 혼선을 유도함으로써 맛의 변조현상을 일으키는 예이다.

프랑스 정찬 요리에서 메인 음식 사이에 신맛이 강한 차가운 소르베(sorbot)를 제공하는 것은 맛의 변조현상을 이용하여 같은 구성이라도 다음 음식을 좀 더 맛있게 느끼는 메뉴 순서로 활용한 예라고 할 수 있다.

감각평가: 생물학적 역치 실험

- 목적: 나의 단맛, 짠맛, 쓴맛, 신맛 맛역치를 확인하자.

- 준비물: 5 sample(소금, 설탕, 레몬즙, 다시마물, 물),
  난수표 또는 라벨링(184/626/233/943/763),
  조별로 5 cup, 노트 평가표, 플라스틱 숟가락, 휴지

- 결과

시료명	신맛	감칠맛	짠맛	단맛	무미	모르겠다	정답 맛
184							
943							
626							
763							
233							
정답자 수							
오답율							

- 토론: 1) 각 물질의 역치는?
  2) 가장 많은 정답을 낸 것(즉, 가장 역치가 낮은 것)은?
  3) 연령과 성별에 따라 역치 차이가 있는가?
  4) 직업이나 활동성이 다른 그룹 간 역치 차이가 나타나는가?

chapter

04

향기의 과학

- 냄새는 가장 강력한 맛이다

1. 향기의 조리적 의미

사람이 외부 자극을 인지할 때 그 자극과의 거리에 따라 원수용성 감각(시각, 청각)과 근수용성 감각(미각, 촉각)으로 나눌 수 있다. 그러나 후각은 원수용성과 근수용성의 중간 감각으로 숨을 쉬는 과정에서 저절로 인지된다.

후각의 감각세포는 기억 뉴런과 결합되어 있어서 성장기의 경험과 과거의 기억을 불러내는 트리거(trigger)로 작용할 수 있고 사람들의 행동을 무의식적으로 지배하는 속성이 있다. 나아가 향기물질 자체가 약리적 작용을 가지는 경우가 보고되고 있다(멘톨 등의 예). 이런 특성을 이용하여 다양한 향기 비즈니스(조리, 음료, 향수, 테라피)가 사람들의 심리를 자극하고 행동을 바꾸게 만들고 있다.

1) 민감한 후각

2004년 후각의 메커니즘으로 리처드 액설(Richard Axel)과 린다 벅(Linda Brown Buck)은 노벨의학상을 받았다. 지금까지 연구된 바에 의하면 인간은 약 10,000가지 냄새를 구별한다. 인간의 뇌에는 약 1,000개의 냄새 수용 유전자가 있고 이는 전체 유전자의 3%로 특정 기능을 담당하는 유전자로는 가장 많은 수이다. 그러나 이렇게 많은 냄새 수용체 유전자 중에 실제 작동하는 유전자는 375개 정도이고 나머지는 퇴화되어 사용되지 않는다.

사람의 후각 역치

화합물	공기 중 역치 농도(ppb)
메탄올	141,000
아세톤	15,000
포름알데히드	8.70
멘톨	4.0
부틸머캡탄	0.3
냄새	**한계값(μg/L공기)**
바닐라	0.5
정향	0.23
푸젤 유	0.1
암모니아	0.03
파래	0.002
분변 냄새	0.0004
썩은 계란	0.0001
단무지 부패취	0.000043

파프리카의 냄새를 인지하는 데 0.02ppb만 있으면 된다. 이는 수영장에 물 한 방울 정도의 농도이다.

0.02ppb

2. 향기 정보의 전달 과정

냄새는 수용체에 결합 후 제2미각피질로 전달되어 감정과 기억뉴런을 자극한다.

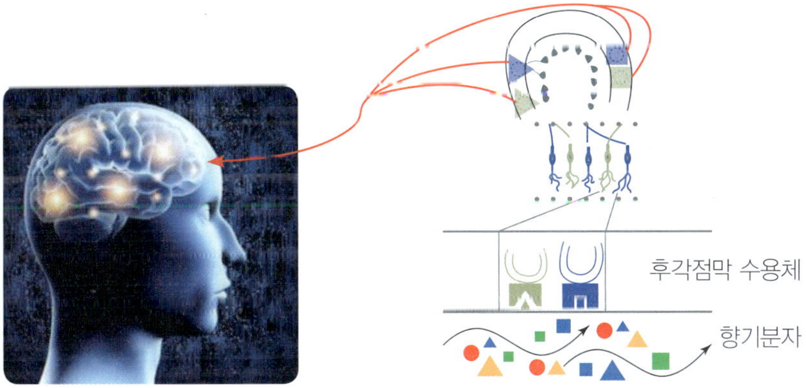

3. 향기물질의 특성

① 자연계의 향기물질은 40~50만 종

(인간이 인지하는 향기는 약 10,000개)

② 일반적으로 분자량이 작다 : 휘발성

(탄소수 18개 이상은 냄새가 없음)

③ 분자량이 클수록 냄새가 오래간다.

(작은 분자는 짧게 : 향수의 탑노트 vs 큰 분자는 길게 : 향수의 바텀노트)

④ 분자 내 수용성과 지용성을 한꺼번에 가진다.

(코점막 수층/세포막 유층의 통과)

같은 향도 물과 기름 어디에 녹아 있는가에 따라 다르게 느껴진다(물, 우유, 오일 등).

⑤ 구조가 유사해도 냄새는 아주 다르다.

– 머스크 향과 측백나무 향은 비슷한 분자구조를 가지고 있지만 아주 다른 냄새로 인지된다. 이처럼 분자구조가 비슷해도 인간의 뇌가 아주 다른 냄새로 인지하는 것은 다양한 향 수용체의 연합작용에 의한 것이다.

분자구조가 비슷해도 냄새가 아주 다르게 느껴지는 예

1. 이소아밀알코올 : 증류주 냄새
2. 이소바엘알데하이드 : 코코아 냄새
3. 이소길아세테이트 : 낫토 냄새

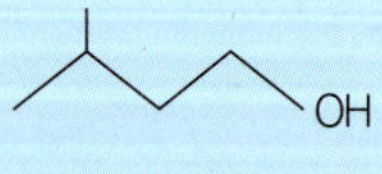

이소아밀알코올

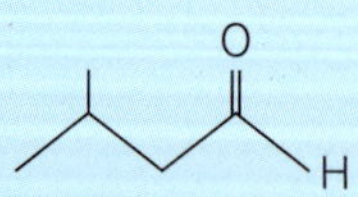

이소바엘알데하이드

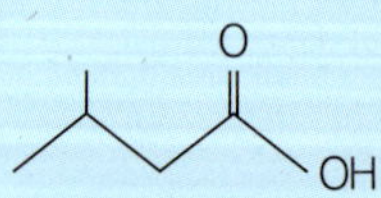

이소길아세테이트

4. 향기 감각의 특성

1) 후각 피로

- 적응: 오래 맡으면 냄새가 안 느껴진다.
  (냄새 반응 속도는 0.5초, 적응 속도는 15~30초, 회복 속도는 10분)
- 선택 피로: 적응된 냄새 외에 다른 냄새는 느낀다.
- 익숙한 공간의 냄새는 지속적으로 못 느낀다.

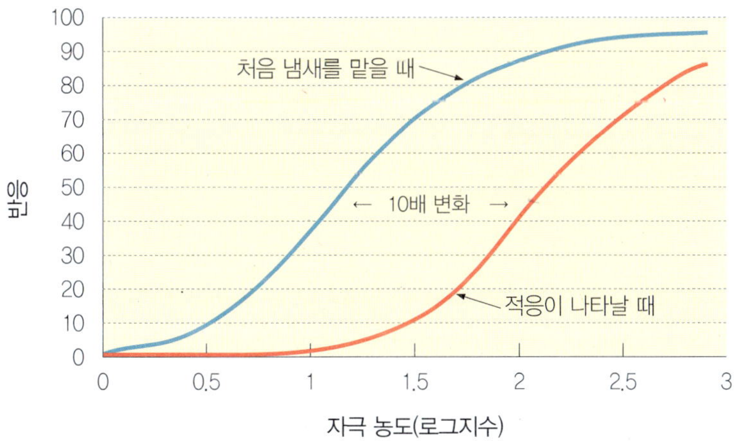

후각 적응 현상

2) 복합성

- 향기 성분의 양과 강도가 일치하지 않다.
- 미량 성분이 섞여 새로운 냄새로 인지된다.
- 인공향과 천연향의 차이

당근의 주요 향기 성분

주요 향기 성분 (major components)	% 비율	냄새의 역가 (odor threshold)	공헌도
헵타날(heptanal)	0.05%	3ppb in H2O	0.1%
옥타날(octanal)	0.2	0.7	2
2-노네날(2-nonenal)	0.3	0.08	22
2-데세날(2-decenal)	0.04	0.3	0.8
텔피넨-4-올(terpinene-4-ol)	0.7	340	0.01
α-텔피네올(α-terpineol)	0.2	350	< 0.01
볼닐 아세테이트(bornyl acetate)	0.6	75	0.05
미리스티신(myristicin)	0.4	25	0.1
캬로톨(carotol)	0.2	8	0.1
텔피놀렌(terpinolene)	37	200	1
사비넨(sabinene)	6	75	0.5
머센(myrcene)	0.8	13	0.4
전체 당근 뿌리 기름(whole carrot root)	100%	6ppb in H2O	100%

한 식물에도 수천 가지의 향기물질이 있고 서로 경쟁하여 가장 강한 것 몇 개만이 특정 냄새를 구성한다.

3) 기억과 훈련

- 향기는 언어로 기억한다(꽃향기, 향신료 향, 과일 향, 허브 향, 견과류 향, 캐러멜 향, 나무 향, 흙냄새, 화학적 냄새, 톡 쏘는 냄새, 산화된 냄새, 미생물 냄새).
- 특정 향에 대한 훈련이 민감도를 높인다(특히, 성장기에는 향을 잘 기억하게 된다).
- 향기의 선호도는 기억과 관계된다.
- 좋은 냄새와 나쁜 냄새는 문화적 감수성 차이가 있다.

4) 순행향 vs 역행향

코로 냄새를 맡을 때 공기는 들숨을 따라 코 천장을 지나 후두로 넘어가면서 냄새 분자가 수용체와 결합하게 된다. 들숨에 섞인 향기 분자는 크기에 따라 가벼운 것은 먼저 수용체와 접촉하면서 향기에 대한 정보를 전달한다. 숨을 들이쉴 때 느끼는 향을 순행향이라고 한다. 그러나 모든 향은 이렇게 들숨으로만 공기가 이동하면서 수용되는 것이 아니다. 일부 무거운 향기 분자는 들숨일 때 충분히 코의 점막과 접촉할 휘발성을 갖지 않아서 잘 느껴지지 않다가 음식을 삼키거나 날숨을 쉴 때 다시 코점막을 통과하면서 후각신경을 자극하는 경우가 많다. 이렇게 날숨 또는 음식을 삼킨 후 목에서 코로 올라오는 향기를 역행향이라고 한다. 순행향을 느끼기가 쉽지만 역행향은 일반인들은 의식치 않고 지나가는 향이다. 와인 애호가나 소믈리에, 차 전문가, 조향사 등 훈련된 전문가가 잘 느끼는 경우가 많다.

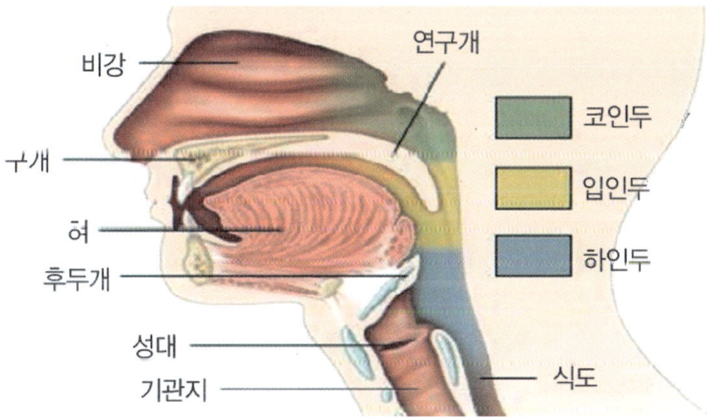

향이 지나가는 인두구조

5. 식물의 향기물질

향채(herb)나 향신료(spice)의 향기물질은 대개 지방 성분이 유사한 구조를 가지기 때문에 이러한 향기물질을 통칭 정유(essential oil)라고 표현한다. 식물의 향기물질은 식물의 방어 기능을 담당하는 경우가 많아 식물세포의 다른 소기관을 파괴시킬 수 있는 약리적인 효능이 있다. 따라서 정유는 식물 표면에 특수한 지방저장세포에 포장되어 축적되거나 세포 사이 선조직 속에 들어 있어 평상시에는 세포에 독성을 끼치지 않게 격리되어 있다가 잎이나 표면이 상처받을 때 바로 분비될 수 있는 형태로 저장된다. 식물의 향을 조리에 쓰고자 할 때 조리사는 물에 바로 넣고 조리하기보다 기름이나 알코올, 식초 등에 향신료나 향채를 넣고 우려내는 방식을 사용하는데 이 방식에 의하면 물에 넣고 끓이는 것보다 훨씬 높은 농도의 정유를 추출할 수 있다(예 : 바질 오일, 허브 오일, 고추기름, 파기름 등).

향신료는 무게 비율로 약 5~15%의 정유를 포함하며, 향채는 이보다 훨씬 적은 약 1% 내외의 정유를 가진다. 신선한 향채는 수분의 비율이 높고 건조한 향채는 건조 과정 중에 향기물질이 많이 소실되기 때문에 비슷한 정유 함량을 가진다. 정향이나 계피, 타임이나 아니스처럼 한 두 가지 향기 요소가 중심이 되어 지배적인 향기 특성이 있고 그 외 다른 향기물질들은 은근하게 바닥에 깔려 있는 경우도 있다.

1) 테르펜류(terpenes)

식물은 다양한 테르펜을 합성하며, 침엽수의 파인 향, 감귤류, 꽃 향, 잎 향, 많은 향채나 향신료의 일반적인 향을 주는 물질이 테르펜류이다. 식물의 잎을 문지를 때 처음 나는 신선한 허브 냄새의 원인이 되는 테르펜류는 휘발성이 매우 높고 반응성이 빨라 식물의 액포가 터질 때 가장 먼저 코에 도달하는 향기물질이다. 반면, 이들은 매우 불안정하여 간단한 조리 과정에서 가장 먼저 사라지는 향이기도 하다.

2) 페놀류(phenolics)

최소한 1개 이상의 수산기를 가진 페놀류 화합물들은 식물의 독특한 향기를 주는 성분이다. 테르펜류가 일반적인 허브의 신선한 향을 내는 것과는 달리 정향이나 계피, 바닐라처럼 해당 식물의 독자적인 향은 페놀류 때문이다. 수산기 때문에 페놀화합물들은 테르펜보다 물에 더 잘 녹는 수용성을 가지고 있다. 이로 인해 음식을 먹을 때 음식 내부나 입의 침에 페놀이 녹으면서 지속적인 향을 발휘한다.

3) 자극성 황화합물

페놀기로부터 생성된 일부 화합물 중 황을 포함하고 있는 화합물은 고추와 후추, 생강과 같은 매우 자극적인 맛과 향을 내는 원인이 된다. 이들을 통틀어 자극성 향기 성분으로 칭한다. 고추냉이나 겨자 등도 이에 해당이 되는데 통칭 매운맛으로 분류하지만 실제 이들은 맛 성분이 아니라 후각과 피부 감각을 같이 자극하는 향물질이다. 자극성 향기 성분은 크게 두 가지로 황화합물(티오시아네이트)과 산아미드계로 분류한다. 대표적으로 양파의 자극물질이다. 자극성 식물마다 분자식이 조금씩 다른 다양한 티오시아네이트가 만들어지는데 대개 분자량이 작고 가벼우며, 물과 잘 섞이지 않아 음식을 먹을 때 쉽게 기화하여 기체로 코와 입의 점막을 자극한다. 이와 반대로 고추, 후추, 생강, 산초 등에 들어 있는 산아미드계 화합물은 분자량이 크고 무거워 음식에서 빠져나와 기화하는 속도가 느리기 때문에 코보다는 대개 입을 통한 자극으로 뇌에 전달된다.

4) 향기물질과 향기 특성

과일 향기의 주성분은 에스테르류로 과일이나 과일을 이용한 양조식품에 많이 나타난다. 에스테르류 외에도 탄소 수 5개 이하의 알코올과 알데하이드, 케톤류는 각기 독특한 향기를 가지고 향채나 과일의 특징적인 향을 주는 경우가 많다.

와인업계나 맥주, 커피업계가 각 재료식품의 향기 특성을 정의하여 이들의 질

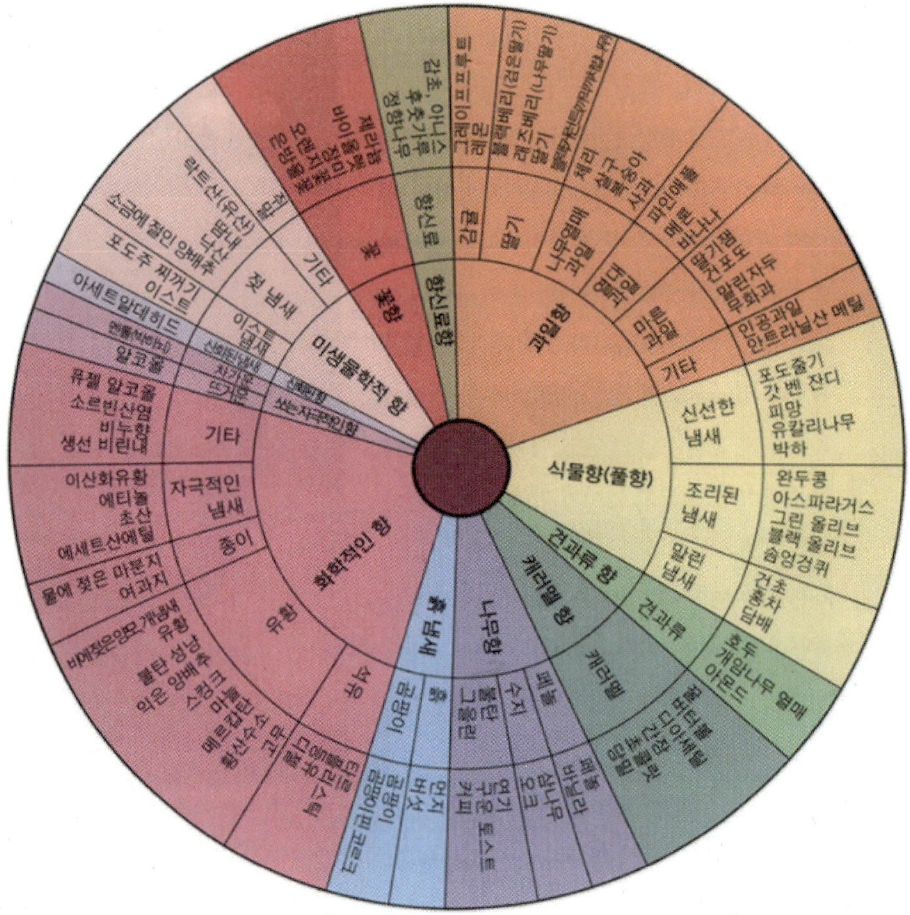

향조의 표현

적 · 양적 구분이 가능하도록 하는 것처럼 향채나 향신료업계에서도 이들의 향기 특성을 정의하고 관능평가에 이용하려는 시도가 있다. 여기에 따르면 향채와 향신료의 특성을 세 가지 정도로 나누어 테르펜류의 향기를 '가벼운'으로 표현하고 페놀류의 향기 특성을 '따뜻한', '달콤한' 또는 '지속적인' 등의 표현으로 나타낸다. 에스테르는 '꽃'향으로, '독특한' 향은 전적으로 한 향채나 향신료에서만 보이는 화학물질에 의한 것으로 그 특성을 표시한다. 향기 차트에는 각 향의 특징과 그 특징적인 화합물들을 매치시켜 놓아 이를 이용하여 후각을 훈련할 수 있게 되어 있다. 이러한 훈련으로 주어진 향채나 향신료의 향을 좀 더 잘 인지하게 되고 다른 재료 간의 친화성과 거부감을 느끼게 되어 조리에 많은 도움을 준다.

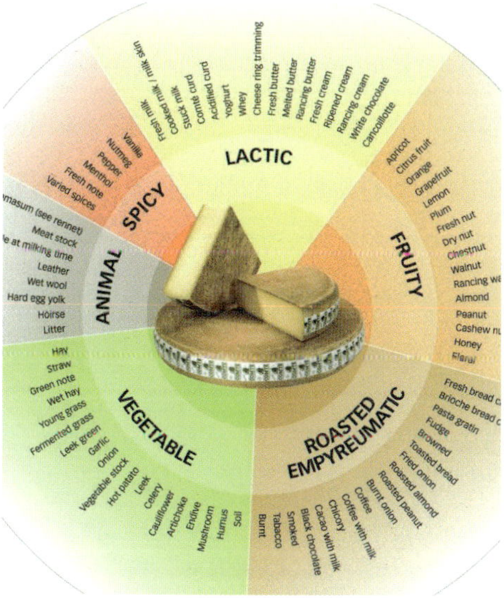

치즈

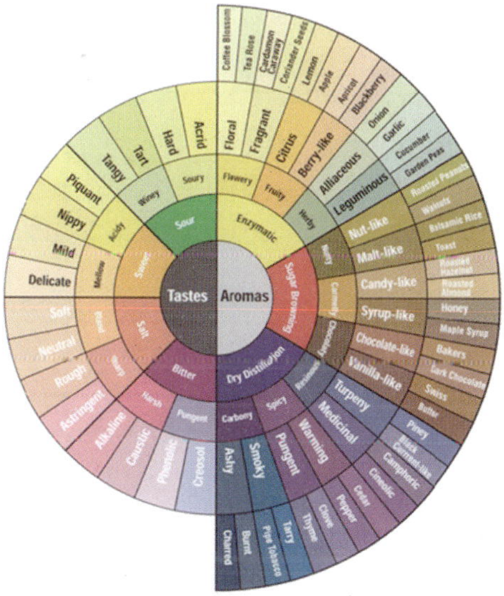

커피

초콜릿

꿀

6. 어육류의 냄새

어육류는 그 자체로는 향이 강하지 않고 냄새 성분이 적다. 그러나 어육의 보존이나 조리 과정에서 단백질과 아미노산, 유지가 분해 · 변화되면서 독특한 냄새를 발생하는 경우가 많다. 어류는 선도가 떨어지면 내장과 점막에서 트리메틸아민(trimethylamin)과 같은 휘발성 아민물질을 만들며, 이는 생선 비린내의 원인이 된다.

축산물 역시 도축 직후에는 냄새 성분이 적다가 미생물에 의해 근육단백질이 분해되면서 휘발성 유황화합물과 함질소화합물이 늘어나 부패취가 발생한다.

우유의 향기는 아세톤, 아세트알데하이드 등 탄소화합물과 저급지방산에 의한 것이며, 신선도가 떨어지면 짧은 지방산이 락톤체로 변화하면서 쉰내가 난다.

7. 천연향과 인공향

사람은 여러 가지 냄새가 섞여 있으면 여러 냄새를 따로따로 인지하기보다는 혼합된 한가지 냄새로 인지한다. 예를 들어, 포도 향을 내는 에틸부틸레이트(ethyl buthylate)와 버터 향을 내는 디아세틸(diacetul) 성분이 섞여 있다면 포도향과 버터향을 동시에 느끼는 것이 아니라 전혀 다른 스카치 캔디의 냄새로 인지한다. 혼합물의 구성 성분과 혼합물이 다른 냄새로 인지되는 이유는 다양한 냄새 수용체 간의 간섭에 의해 한가지 정보로 해석하기 때문이다. 자연계의 많은 물질 냄새는 혼합물에 의하지만 혼합물을 구성하는 성분의 농도 차이에 따라 다른 냄새로 인지하는 경우도 많아 후각의 정보전달 과정은 아직 많은 것이 미지에 싸여 있다. 또한, 향기는 향기물질의 농도가 높다고 더 강하게 인지하는 것이 아니라 약할 때와 강할 때 각각 다른 냄새로 인지하는 경우도 있다. 예컨대, 아주 적은 양의 인돌(indol) 성분이 있으면 꽃향기로 느껴지지만 양이 많아지면 시궁창 냄새가 난다.

나아가 냄새물질은 구조가 거의 비슷해도 미세한 분자구조의 차이로 결합할 수 있는 수용체의 조합이 달라져 다른 냄새로 인지하는 경우가 종종 있다. 예컨대, 옥탄올은 오렌지 냄새의 주성분이지만 옥탄올에 산소 한 분자가 붙은 옥탄산은 발 고린내 냄새로 느껴신다. 이런 후각의 복잡성으로 인해 인공향과 자연향은 다르게 느껴지며, 자연향을 모방하고자 하는 다양한 시도에도 불구하고 아직은 완벽하게 자연향을 복제할 수 없다.

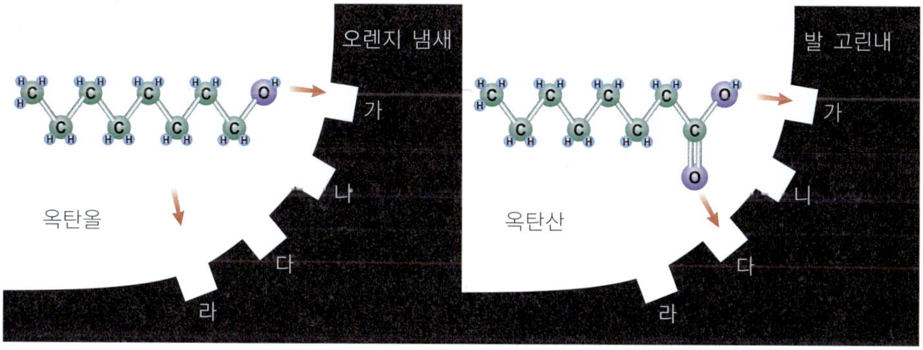

옥탄올과 옥탄산의 냄새 수용체 구조

출처 : 사마키 타케오(2004).

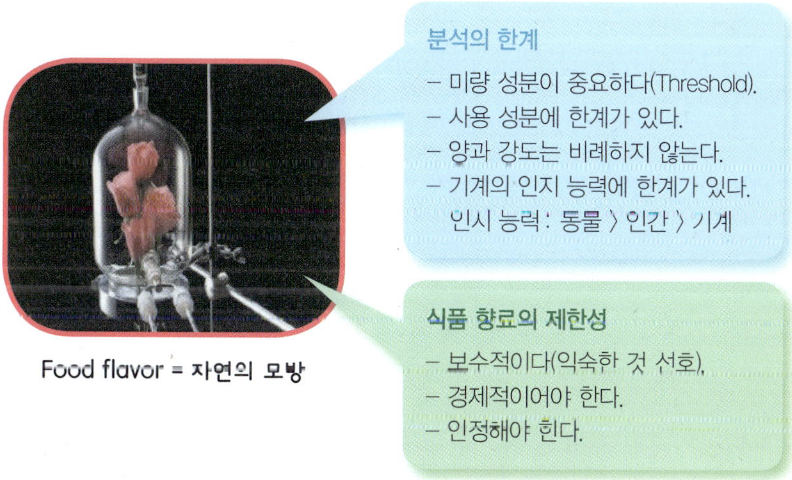

기계(전자코)에 의한 냄새분석기의 용도와 제한점

식품의 향기물질은 대개 지용성 물질이므로 향기물질이 있는 허브나 꽃 등의 식재료를 오일에 약하게 가열하거나 따로 에센스의 형태로 정유를 얻을 수 있다(대표적으로 따뜻한 기름에 우려낸 바질 오일 등). 그러나 이러한 가공처리는 가공 보존 과정 중에 산화되어 향이 변조되기도 하고 추출 및 용해 과정 중에 사라지는 향기물질로 인해 전체 향조가 달라지게 된다. 향을 이용하기 위해서는 천연향에 들어 있는 향기물질을 분석해 주된 향기물질을 합성하여 식품에 이용할 수도 있다. 이를 인공향이라고 하는데 천연향 분석부터가 쉽지 않은 일이라 식품 향료의 사용에 제한이 많다.

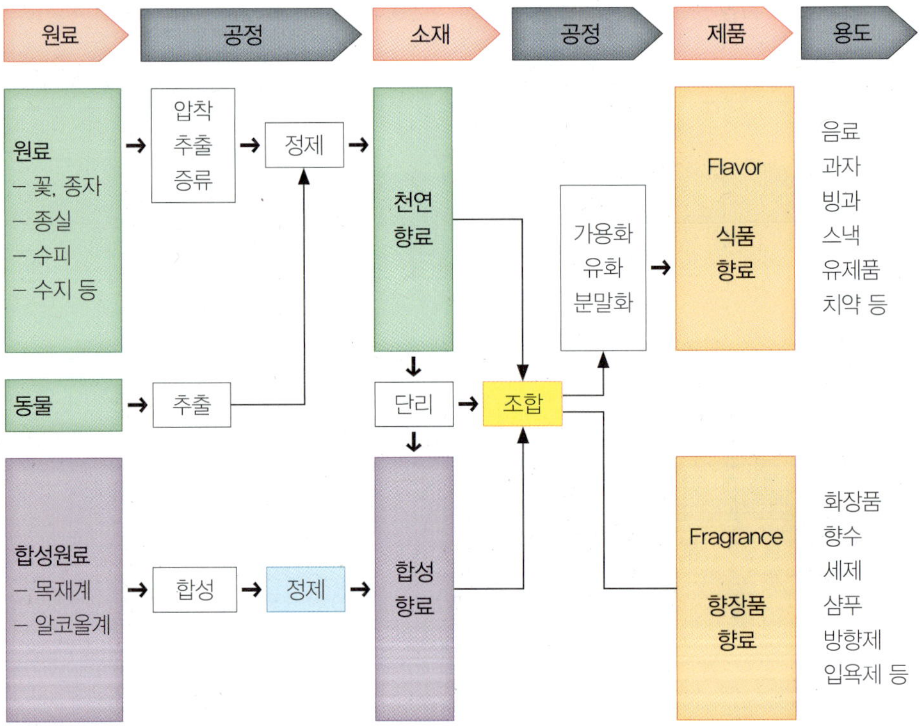

조향 과정과 용도

8. 후각 감각의 예민성과 다양성

사람은 약 10,000가지의 냄새를 구별하는 것으로 알려져 있다. 그러나 사람에 따라서 후각 예민도의 차이가 크다. 특히, 후각은 언어와 연결된 기억력과 관련이 많아서 특정 이름이 후각의 기억을 예민하게 살리게 된다.

감각기관의 특성상 후각의 예민도는 환경에 따른 변화도 많아서 동일한 사람도 일부 상황에서는 냄새를 맡는 능력이 크게 달라진다. 냄새 성분은 휘발성이므로 대기 온도가 달라지면 확산하는 속도도 달라진다. 온도가 낮아질수록 냄새물질의 휘발성은 감소하며 따라서 감각 감도도 감소한다. 또한, 습도나 건조도에도 후각의 민감성이 달라진다. 아침과 저녁 시간 대기압의 미세한 차이로 인해 악취 감도가 10배나 차이가 있나는 연구보고도 있다.

후각 감각은 코로 들어오는 공기 속 후각물질의 향에 따른 자극을 느끼므로 코로 흥흥거리며 숨을 크게 들이마시되 짧게 끊어서 숨 쉬면 냄새를 더 잘 맡을 수 있다. 반면, 동일한 냄새를 계속 맡고 있으면 1분 이내에 그 냄새를 더 이상 느낄 수 없는 현상이 나타난다. 후각세포가 동일한 냄새 분자의 지속된 자극에 마비되어 더 이상 정보를 생산해 내지 않는 것이다. 계속 냄새가 나는 환경에 있으면 그 냄새를 감지할 수 없게 되는 현상을 후각세포의 피로에 의한 순응이라고 한다. 순응적 피로 상태에서도 다른 냄새는 맡을 수 있다. 순응에 대한 회복은 1분 이상 그 냄새를 맡지 않으면 바로 회복된다.

또한, 늘 익숙한 공간의 특성 냄새는 더 이상 자극이 되지 않는 후각 감각의 습관순응도 있다.

9. 향기의 간섭효과와 조리

맛 성분도 다른 맛 성분에 의한 간섭이 있는 것처럼 향기 성분 간에도 간섭이 일어난다. 조리에 나쁜 냄새를 없애기 위해 향신료를 사용하는 경우가 대표적으로 향기간섭을 이용하는 방법이다. 생선의 비린내(아민류)를 잡기 위해 생강을 사용하는 경우 생강의 진저롤, 시네올 성분이 아민류를 덮어서 느끼지 못하게 한다.

향신료 중 클로버, 마늘, 생강, 파, 후추와 같이 강한 향기 성분이 있는 것이 육류나 생선류의 잡내를 잡기 위해 많이 사용된다.

이취를 잡기 위해 요리에 포도주나 정종, 미림 등 술을 사용하는 경우 냄새 성분이 알코올에 녹아서 조리 시 열을 받으면 기화하여 날아가는 원리를 이용한 것이다.

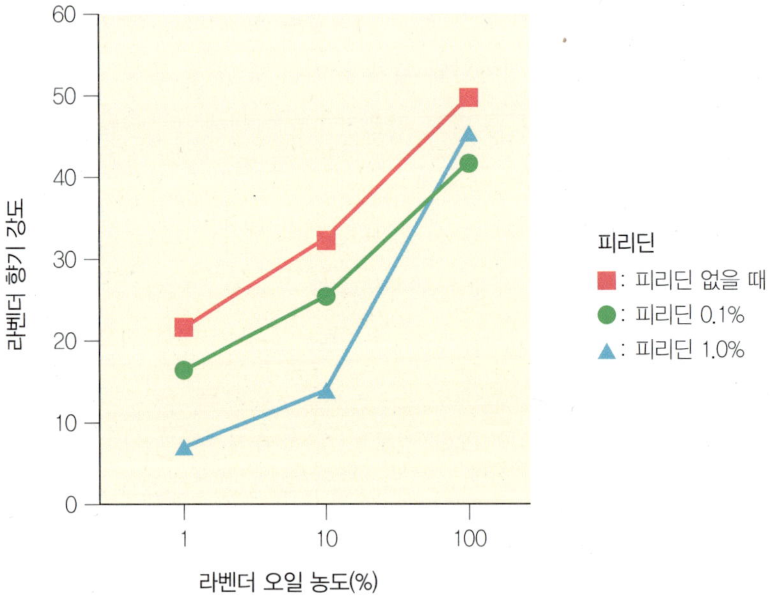

피라딘에 의한 라벤더 향의 간섭 현상

출처: 김주현 · 김영희 · 신승미 외(2012).

감각평가: 향기 강도 테스트
-페퍼민트 오일의 온도효과-

- 목적: 다양한 향기를 묘사 분석해 보자.
  페퍼민트 오일의 온도효과를 알아보자.

- 준비물: 페퍼민트 정유, 레몬 정유, 라임 정유, 스포이드, 컵, 물

- 온도효과: 1) 뜨거운 물 :

  2) 차가운 물:

- 토론: 1) 향기를 테이스팅하는 방식을 알아보자.
  2) 온도에 따른 정유의 강도와 냄새 차이를 식별해 보자.

chapter 05

질감의 과학

- 수비드 조리

1. 질감과 맛

식품마다 고유한 질감이 있다. 적절한 질감은 식재료 자체의 신선함을 의미하기도 하지만 우수한 조리 기술로 제조된 맛있는 음식을 상징한다. 반면, 적절치 못한 조리품의 질감은 식품 재료의 상태가 불량 또는 부패하였음을 나타내거나 엉망으로 망친 조리의 표시가 된다. 식재료의 맛과 향만큼이나 적절한 질감은 소비자에게 큰 만족감을 주며, 어떻게 좋은 질감을 구현하는가는 조리사의 기술이라고 믿어져 왔다. 특히, 매끄러운 초콜릿이나 부드럽게 구워진 고기 등 좋은 질감을 내는 조리는 미묘한 차이임에도 부가가치가 높게 평가된다.

질감은 입안의 혀, 잇몸, 입천장, 치아, 인후 등에 물리적인 자극이 가해졌을 때 세포가 늘어나거나 수축하면서 압력을 느끼는 기계적인 감각이다. 맛을 느끼는 감각과 질감을 느끼는 감각은 별도의 분리된 수용체를 통하여 전달되는 감각이지만 상호작용하여 풍미를 느끼게 한다. 질감은 맛에 영향을 미친다. 같은 단맛이나 신맛, 쓴맛의 액체라도 주스 상태일 때와 젤리로 굳혔을 때, 단단한 덩어리의 질감을 가질 때 단맛과 신맛, 쓴맛에 대한 예민도는 달라진다.

이처럼 음식의 전체적인 맛(Flavor)은 부드럽거나 매끄러움, 말캉함, 쫄깃함이나 단단함 정도의 질감 요소에 크게 영향을 받는다. 질감이 맛과 향을 다르게 느끼도록 하지만 동시에 맛과 향, 소리의 자극은 질감의 인지에도 차이를 준다. 음식을 먹을 때 바삭바삭 부서지는 소리나 음식의 모습, 과거에 이런 음식을 먹었을 때의 기억이나 연상이 실제 입안에서 질감을 느끼는 데 방해가 되기도 하고 도움을 주기도 한다. 대표적으로 TV를 시청하면서 음식을 먹으면 질감에 대한 감각이 떨어지는 것이 증명되었다. 질감과 맛의 관계는 씹는 힘이 약한 어린이나 노인의 경우에는 특별히 더 영향을 많이 받는다. 이를 이용하여 질감을 변화시킨 어린이 이유식과 노인의 연화식이 많이 개발되고 있다.

'음식의 물성-맛-온도의 상관 인지' 연구

같은 맛이더라도 물성(物性, 음식의 굳기 등)에 따라 맛의 인지 정도가 달라진다는 연구결과가 있다. 초파리는 부드러운 배지와 딱딱한 배지에 든 당 농도를 다르게 인지한다.

같은 경로의 아가 배지에서 초파리들이 당 성분이 많이 든 배지 쪽으로 몰렸으나, 점점 배지의 경도를 높여갈수록 조금 덜 달더라도 부드러운 쪽을 선호하였다. 같은 경도의 배지였을 때 당 농도가 높은 배지에 몰려 있던 초파리들은 부드러운 배지를 주면 덜 달아도 더 부드러운 배지를 선호하였다. 연구팀은 경도가 차이나더라도 당 성분의 함유량이 아주 크게 차이나면 초파리의 선호도가 변화한다는 점도 밝혀냈다. 같은 당 농도에서 부드러운 배지 쪽을 선호하던 초파리들이 당 농도가 10배 이상 높아지면 경도가 딱딱해도 당 성분이 높은 배지 쪽으로 옮겨가는 결과를 보였다.

초파리는 온도 변화에도 당을 인지하는 정도가 차이가 있었다. 21℃에서는 당 성분에 대한 인지도가 농도가 증가함에 따라 증가했다. 하지만 31℃로 온도를 높이면 초파리의 촉각 신경이 활성화되어 당 성분의 농도보다는 경도에 더 예민함을 보였다.

이 결과를 종합하면 초파리는 음식 굳기가 단순한 기계적 자극 인지가 아니라 음식에 대한 선호도를 결정하는 요소로 작용하며, 같은 단맛 음식이라도 딱딱한 상태라면 단맛을 느끼게 하는 신경세포의 신호전달 기능을 억제해 선호도를 떨어뜨리는 것으로 보인다.

출처 : 문석준(2016).

질감을 표현하는 언어: Texture profiling

구분	특징	질감 특성	표현어
기계적 물성	압력을 주거나 비틀었을 때 속성	단단함 결합성 끈적함 탄력성 부착성	소프트-펌-하드 크럼블-크런치-브리틀 농도가 묽은-끈적이는 플라스틱-엘라스틱 부드러운-쫄깃-질김
형태적 물성	입자의 속성	크기나 형태 배열과 결에 관련된 특성	매끄러운, 알갱이가 있는, 거친 켜를 이루는, 크리스털 같은, 섬유질의
기타 물성	입자의 성분 차이에서 오는 속성	수분량 기름량 공기량	촉촉한, 덩어리진 뻑뻑한, 기름진, 가벼운, 무거운

현대사회로 올수록, 또 고급 레스토랑으로 갈수록 질감의 미묘한 차이는 제품의 품질을 보증하는 수단이 된다. 부드럽거나 아삭한 채소의 질감의 차이를 잘 조화한 샐러드, 바삭한 튀김과 매끄러운 소스의 조화, 입안에서 녹을 듯 촉촉하고 부드럽게 조리한 고기, 섬세한 질감의 초콜릿이나 아이스크림 등 디저트를 만들기 위한 조리 기술은 오랫동안 조리사 개인의 비법으로 유지 · 전수되었다. 특히, 열을 가하였을 때 쉽게 질겨지는 육류의 질감 변화는 채소보다 더 뚜렷하다. 최근 조리과학의 발전으로 가열조리가 육류의 질감에 미치는 영향을 더 세밀하게 관찰할 수 있게 되었다. 그 결과 1℃ 차이 온도의 변화로 질감의 변화를 추구하는 수비드 조리방식이 널리 퍼지고 있다.

2. 수비드(Sous Vide) 조리

질감의 과학을 가장 뚜렷하게 보여 주는 식재료는 육류이다. 불 조절을 어떻게 하느냐에 따라 질감의 차이가 선명하게 나타나고 이는 조리품의 선호도를 크게 변화시키는 큰 요인이 된다. 중세의 전설적인 프랑스 요리사 기욤 티렐은 평범한 재료로도 얼마나 고기를 맛있게 구웠는지 프랑스의 샤를 대제가 "왕들의 요리장이자 요리사의 왕"이라고 칭찬하며 기사 작위를 줄 정도였다. 1490년에 기욤 티렐이 쓴 『르 비앙디에(*Le Vandier*)』는 중세 전통 프랑스요리와 식생활 습관 및 연회에 대한 모든 것을 서술한 책으로 요즘 식으로 얘기하자면 중세요리 백과사전이다. 현재

기욤 티렐과 두 부인의 묘소-묘비

『타유방, 프랑스 왕의 위대한 요리사』 표지

프랑스국립도서관에 소장된 이 책의 백미는 고기를 굽는 법에 대한 설명이다. 『르 비앙디에(*Le Vandier*)』에 기술된 그의 고기요리 비법은 한마디로 불 조절을 잘하여 원하는 질감을 만드는 것이었다.

즉, 고기요리의 맛이라는 것이 고기 본연의 맛이나 양념의 맛도 있겠지만 가장 중요한 것은 열에 의한 질감 변화임을 중세시대부터 조리사들은 알고 있었다. 고기를 맛있게 익히는 방법은 동서양을 막론하고 고대 이후에 특별한 진보가 없었던 편이나 최근 질감에 대한 연구가 진행되면서 수비드 요리가 확산되고 있다. 동일한 고기라도 전통 조리법과 수비드 조리는 조리 시작온도와 마감 온도, 열을 전달하는 매질에 차이를 줌으로써 질감의 차이를 만들어 낸다.

조리법과 조리온도

조리법	조리 시작온도	마감온도	내부온도	열전달매체
구이/볶음/튀김	260~300	160~240	55~80	철판, 복사열, Hot air, oil
찜/조림	30~100	85~100	85~100	육수 / 와인 / 물
수비드	55~75	55~75	55~75	근육 내 수분과 단백질, 지방

1) 수비드 조리의 기원

수비드(Sous vide)란 진공 상태라는 뜻으로 수비드 요리는 재료를 진공포장하여 온도를 조절할 수 있는 수조에 넣고 조리하는 것을 의미한다. 수비드 요리는 일종의 중탕요리이되 기계적으로 미세하게 온도와 시간을 조절하는 요리기법이다. 수비드의 시작은 1970년대 NASA에서 우주비행사를 위한 진공포장식 개발에서 시작되었다. 1974년에는 조리사 조지 프랄루스(georges pralus)가 푸아그라 조리 시에 푸아그라의 기름과 수분을 보전하면서 질감, 모양과 맛을 최적으로 유지하는 데 수비드 조리방식을 응용하면서 레스토랑에 등장하였다. 이후 조리온도와 질감 변화에 대한 NASA의 과학적인 연구가 민간에 활발히 진수되면서 적정한 조리질감을 만드는 수비드 조리법이 다양하게 응용되어 사용되고 있다.

- 원하는 온도로 식품의 내 · 외부 온도를 고루 올린다.
- 공기와 차단하여 산화를 막는다.
- 조리수에 맛 성분이 빠져나가지 않게 한다.

최상의 질감을 얻기 위해 고기는 몇 도에서 가열해야 되는지에 대한 고민이 수비드 요리를 탄생시켰다. 수비드 조리의 특징은 수비드 기계를 이용하여 온도를 낮게, 오래 가열을 유지하는 Long Ttime Low Temp 조리법으로 원하는 굳기의 질감을 선택적으로 만드는 조리방식이다.

3. 수비드의 원리

근육 구조의 기본이 되는 것은 근섬유(Muscle fiber)세포이다. 근섬유세포는 내부의 수백 가닥으로 된 근원섬유(myofibril)와 그 사이를 채우고 있는 근장(Sarcoplasma)으로 이루어져 있고 외부로는 결합조직인 근섬유막으로 둘러싸여 있다. 근섬유세포가 수백 개 모인 근섬유다발은 근속막으로 싸여 있고 여러 개의 근섬유다발이 근육이 되고 고기는 몇 종류의 근육으로 구성되어 있다. 즉, 식용고기는 근원섬유가 약 50~55%, 근장이 30~35%, 근섬유막이 10~15%를 차지한다고 알려져 있다. 이들을 구성 성분으로 보면 수분이 75%, 단백질이 20%, 지방이 5%에 해당한다. 전통적인 조리 방식에서 열 전달매질이 공기나 수분, 지방은 될 수 있지만 수비드 요리에서는 근육 내 수분과 단백질, 지방이 열전도 매체가 된다는 점에서 독특하다.

고기를 이루는 근육과 그 근육을 이루는 각 단백질마다 열에 대한 반응은 다르게 나타난다. 결합조직의 주 단백질인 콜라겐과 근원섬유의 미오신, 액틴은 각각 다른 온도에서 변성으로 인한 수축을 시작한다. 반면, 근장의 미오겐, 헤모글로빈이나 미오글로빈, 단백질 분해효소 등의 구형 단백질은 수축하는 것이 아니라 3차 구조가 풀어지면서 가교결합이 만들어져 치즈나 두부가 엉기는 것처럼 젤을 만드는 특성이 있다.

근장 속의 단백질 분해효소는 50℃ 정도에서 48시간이 경과되어도 75% 이상의 활성을 보일 정도로 온도에 안정하다. 보통 수비드 온도가 55℃에서 시작하는 것을 생각했을 때 수비드 조리 시에 근육 내부의 단백질효소가 서서히 자가소화를 진행하여 근단백질의 분해 작용이 왕성히 일어날 수 있음을 의미한다.

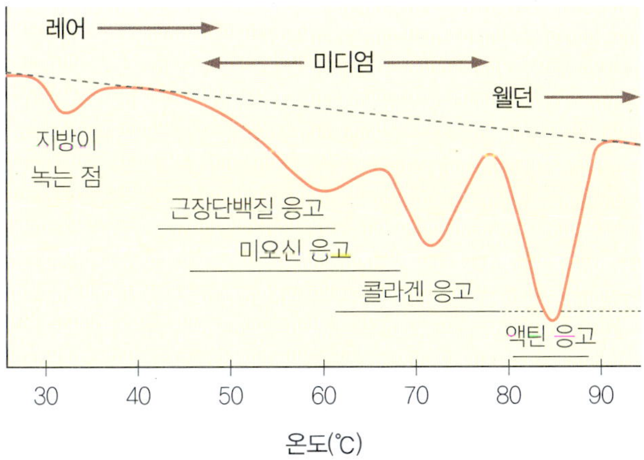

육류 조리 단백질의 열변성 차트

시차 주사 열량계(Differential scanning calorymeter: DSC)는 유체역학이나 입자물리학에서 열의 전도현상을 연구할 때 쓰이는 기구로 두 개의 암에 표준물질과 비교물질(여기서는 고기)을 올려 두고 열을 가하여 표준물질 대비 고기가 전도하는 열의 차이를 스캐닝한다. 표준물질 대비 고기가 발산하는 열의 차이를 측정하면 어느 온도에서 어떤 단백질이 구조변성이 생기는지 알 수 있다.

온도가 상승하면 특정 단백질의 분자운동이 증가하면서 수소결합이나 정전기적 인력이 파괴되고 그 결과 열을 빨아들이는 유체화 현상(endotherthal Rx)이 나타난나. 이어서 계속 열을 가하면 단백질의 구조에 결정화 현상(exothermal Rx)이 나타나면서 이웃 세포로 열의 발산이 커지게 된다. 붉은색 고기는 Differential scanning calorymeter 결과에 의하면 대략 30~40℃ 사이에 근육 내 지방이 녹기 시작한다. 근장단백질이 유체화되기 시작하는 온도는 40℃ 정도이며, 근원섬유의 미오신도 유사하게 45℃ 정도에서 유체화되기 시작하다가 57~58℃부터 결정화가 시작한다. 콜라겐이 녹기 시작하는 온도는 58℃이며, 결정화는 70℃ 전후이고 필라멘트를 이루는 액틴이 유체화되는 것은 76℃부터 시작하여 82~83℃면 수축이 시작된다. 미오신과 콜라겐의 유체화가 시작하되 액틴은 수축을 하지 않는 50~75℃ 사이의 온도에 있을 때 흔히 스테이크 조리에 미디엄이라고 말하는 조리 정도가 된다.

4. 수비드 기계

수비드 기계는 온도 조절을 0.1℃ 단위로 예민하게 조절하는 온도조절기와 48시간 이상 연속 조리되는 타이머, 수조 본체로 구성된다. 수비드에 조리를 하기 위해서는 재료를 진공포장하는 것이 필요한데, 공기를 차단함으로써 산화를 막고 온도가 고르게 전달되는 것을 돕는다.

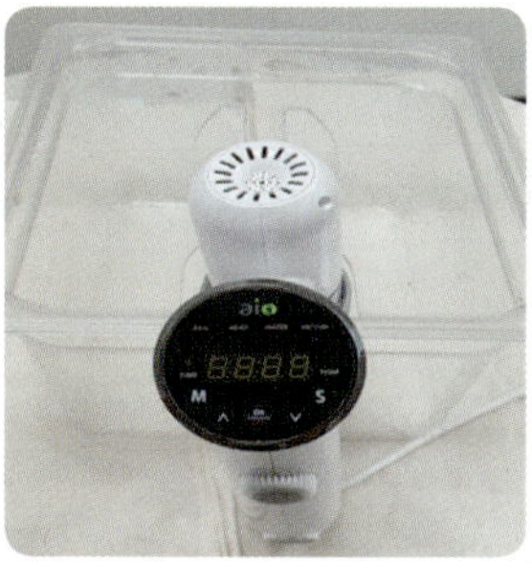

수비드 본체

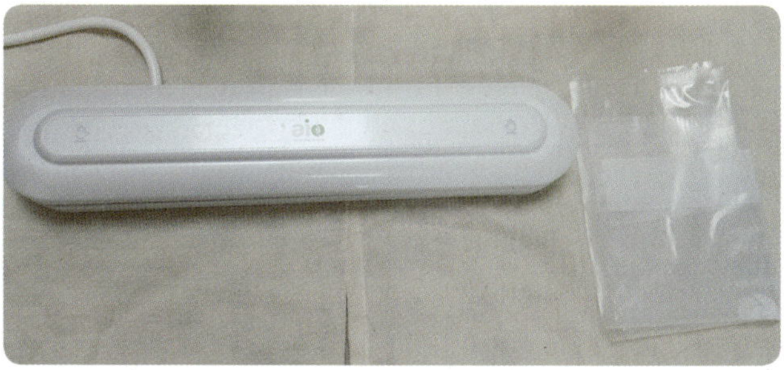

진공포장기

5. 수비드 과정

수비드하는 과정은 먼저 고기에 소금이나 오일 등으로 양념을 하거나 염지를 한 다음 하나씩 진공포장팩에 넣은 뒤 진공포장기를 가동시켜 고기에 포장비닐이 밀착하도록 실링(sealing)을 한다. 그 뒤 온도를 적정히 맞춘 수조에 넣고 타이머를 설정해서 얼마 동안 조리할 것인지 결정한다.

여기서 온도와 시간의 설정은 조리하는 육류의 근육 구조와 크기에 크게 좌우되고 고기의 상태나 선호하는 질감을 경험적으로 결정하게 된다.

결이 섬세한 닭가슴살을 기준으로 58~59℃에서 1시간이면 완성된다. 돈육은 위생성을 생각하여 62℃까지 범위를 좀 더 높이고 쇠고기는 56℃까지 조금 낮출 수 있다. 뼈가 있는 고기는 고기 내부까지 열이 전달되도록 온도를 좀 높여야 하며, 고기 덩어리가 클수록 고기 속까지 균일한 온도가 전달되는 시간이 많이 걸린다.

수비드 과정

근육 단백질의 적정 응고를 위해 온도를 맞춘 수조에 넣어 조리한다.

온도와 시간 설정 : 선호하는 질감에 따른 설정

종류	온도 범위	시간 범위
가금류	58~60℃	1~2시간
돼지고기	58~62℃	90분~6시간
쇠고기	56~60℃	90분~8시간
뼈있는 고기(닭나리, 돼지갈비, LA갈비 등)	73~76℃	6~8시간
계란(수란)	63℃	1시간
계란(완숙)	86℃	30분

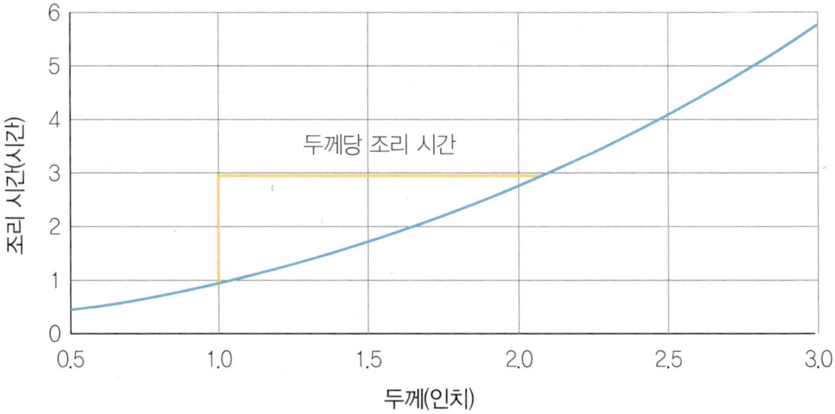

육류의 두께와 조리 시간

6. 수비드 조리의 감각평가

고기 색의 변화는 가열온도에 따라 미묘하게 변화한다. 쇠고기는 온도가 올라가면서 날것의 붉은색이 서서히 사라지며, 회갈색으로 변한다. 닭고기도 저온에서 조리할 경우 온도가 높아질수록 분홍색에서 흰색이 되고 나아가 약한 황색 느낌으로까지 색이 변하게 된다. 즉, 50~80℃ 사이의 저온에서 온도에 따른 색감 차이가 상당히 뚜렷하게 나타난다.

색만 다른 것이 아니라 질감은 더 큰 차이를 나타낸다. 쇠고기를 55℃에서 1시간 반부터 48시간까지 저온 장시간 조리하였을 때 조직의 질감 변화를 관찰하면 시간이 지나면서 근섬유다발을 감싸고 있던 근속막이 녹아내려 근섬유다발의 모습이 또렷하게 분리되는 것이 보인다.

닭가슴살도 60℃에서 70℃, 80℃, 90℃로 조리온도를 높여 각각 1시간씩 수비드 하였을 때 60℃에서는 근장단백질이 부풀면서 오히려 근육 단면이 매끄러운 젤리처럼 보인다. 근장단백질이 수분을 머금고 부풀면서 촉촉하고도 부드러운 질감을 주는 반면 온도가 높아질수록 쇠고기와 마찬가지로 근육 단면이 거칠어지면서 혀에 닿는 질감이 퍽퍽하게 변화한다.

같은 온도에서 수비드 조리를 하여도 조리 시간에 따라 조직 질감이 달라지는 것을 볼 수 있다. 1시간에 비해 시간이 지나갈수록 근육막의 녹아내림이 커지는 것이 관찰된다.

온도에 따른 단백질의 열물성 변화를 극명히 볼 수 있는 것이 바로 계란의 조리이다. 1℃의 열이 별것 아닌 것 같지만 계란의 질감에 주는 영향이 크다. 61℃에서는 노른자가 액체이고 흰자는 투명한 기가 남아 있는데 66℃에서는 노른자가 젤리로 굳어지고 흰자는 흰색으로 응고된다.

같은 온도에서도 시간이 지날수록 단백질의 물성은 서서히 변화한다. 60℃에서 45분간 조리한 것은 농후난백이 투명하고 노른자가 액체인 데 비해 24시간이 지나면 완전히 노른자가 굳어지는 것을 보인다.

육류의 단백질은 어느 온도에 노출되는가도 질감에 영향을 미치지만 저온이어도 장시간 노출되면 고온에 노출되는 것과 같은 물성 변화를 보인다.

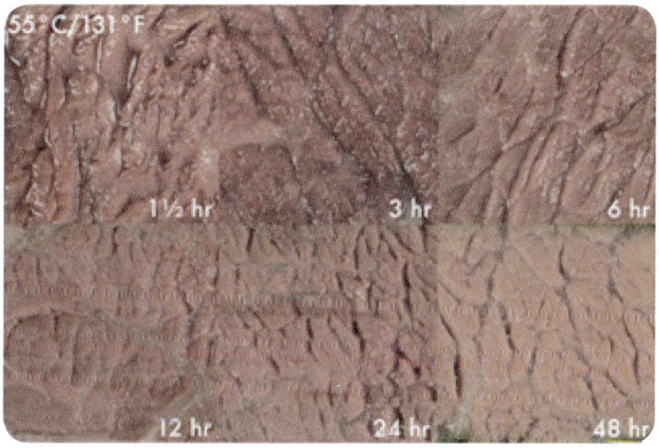

질감: 동일 온도에서 시간의 영향

고기 색이 변하는 가열온도에 따라 미묘하게 변화한다. 쇠고기는 온도가 올라가면서 날것의 붉은색이 서서히 사라지며 그레이리쉬하게 회갈색으로 변한다.

출처: D. E. Baldwin(2012).

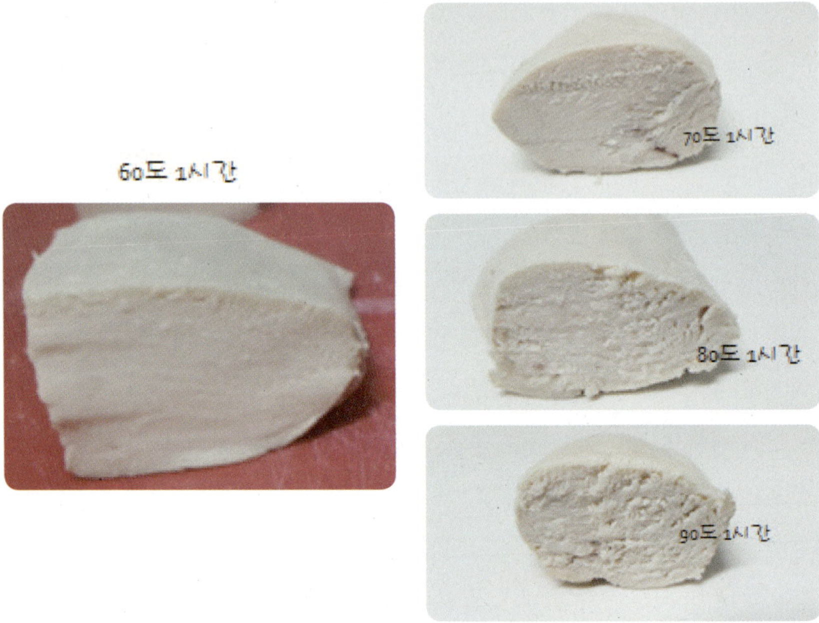

가열온도에 따른 닭가슴살의 수비드 조리

동일 온도(60℃)에서 가열 시간에 따른 질감의 변화

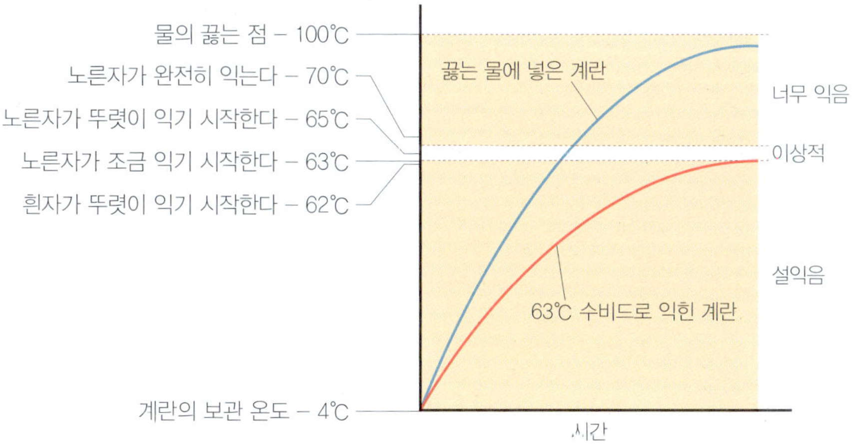

계란의 수비드 온도 곡선

저온조리 시 계란의 조리 온도 변화에 따른 질감 변화

출처 : D. E. Baldwin(2012).

60℃ 동일 온도에서 조리 시간을 달리 했을 때 계란의 물성 변화

출처 : D. E. Baldwin(2012).

7. 생선과 조류의 요리 : 미오신과 액틴의 비율 차이

육류마다 조리 시 단단한 정도가 다르다. 이는 조직 내 액틴과 미오신의 비율 차이와 조직을 이루는 필라멘트의 굵기가 다름에 의한 것이다. 대체로 쇠고기나 돼지고기, 칠면조 등은 섬유상이 굵고 단단하며, 닭고기는 더 섬세한 필라멘트를 가진다. 생선은 콜라겐과 같은 결합조직이 없어 익으면 플레이크로 부서진다. 생선이나 조류는 단단한 근막이 없기 때문에 육류보다 낮은 온도에서도 익힐 수 있으나 미생물 번식이 더 빨리 일어나는 단점이 있다. 따라서 조류와 생선의 수비드 조리는 온도와 선도에 특별히 주의해야 한다. 생선은 45℃면 부드럽게 익고 온도가 올라갈수록 퍽퍽해지지만 위생적인 안전성을 고려하여 최소 온도는 55℃로 설정하는 것이 좋다. 근막이 없는 가슴살은 60℃를 전후하여 수비드 조리온도를 설정하면 부드럽게 익힐 수 있으나 뼈 부분이 포함된 다리 쪽은 70℃까지 온도를 높인다.

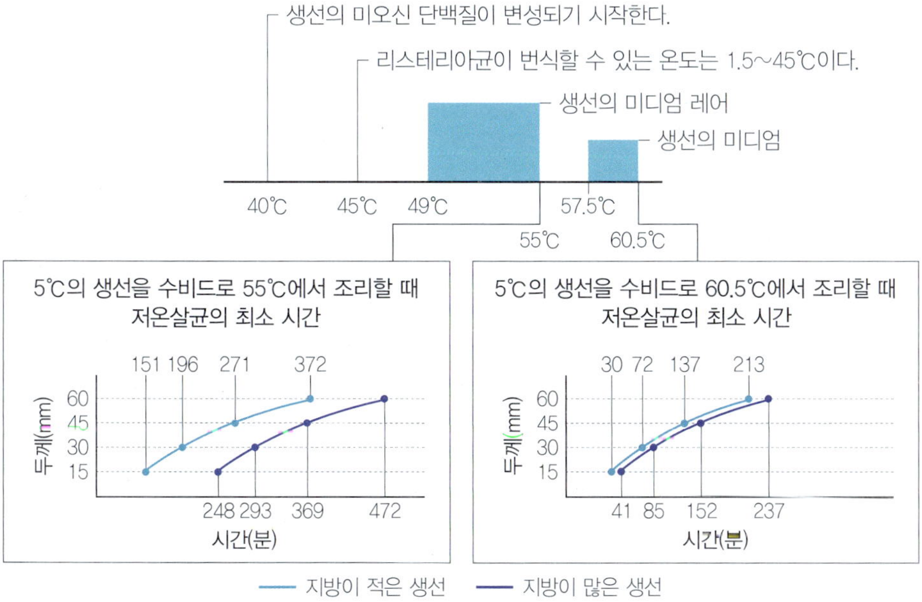

생선과 해산물의 시간 온도표

8. 수비드 요리의 장단점

1) 장점

- 저온으로 고기를 조리할 때에는 질감이 부드럽고 촉촉한 맛을 즐길 수 있다.
- 소화효율이 높아진다.
- 진공포장으로 용출된 육즙을 모을 수 있기 때문에 자연적인 맛난 맛과 영양 성분을 소스나 육수 등으로 이용할 수 있다.
- 수비드 조리는 산업적으로 대량조리 시, 조리사의 기술에 맛과 질감을 의존하는 것이 아니라 수비드 기계의 세팅에 맞추어서 일정한 결과물로 낼 수 있기에 퀄리티 컨트롤이 가능해진다.

- 레스토랑 등에서는 수비드를 미리 준비해 두었다가 사용하기 때문에 인건비를 절약할 수 있다.
- 육류의 질긴 부위, 즉 비선호 부위를 부드럽게 조리함으로써 경제성을 높여준다.

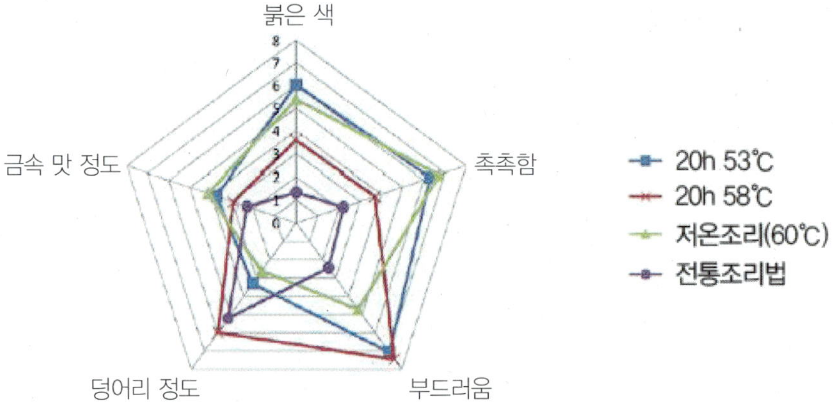

저온조리와 전통 조리의 오버롤 감각평가

2) 단점

- 고온가열에 의한 맛과 향기 성분을 만들어 낼 수 없다. 고기의 독특한 구운 맛과 크리스피한 질감은 수비드로는 구현해 낼 수가 없다.
- 수비드만으로 조리하면 맛과 질감이 단조로워서 다양한 질감을 원하는 소비자의 욕구에 부족한 면도 있다.
- 가장 큰 단점은 위생성이다. 보통 수비드 요리의 조리온도는 55~70℃ 사이, 즉 미오신이 수축하기 시작하는 온도에서 진행하게 되는데 살모넬라균이 일부 50℃에서도 생존할 수 있기 때문에 원재료가 신선하지 않거나 미생물 오염이 있는 경우 문제가 된다. 불특정 다수에게 수시로 제공되는 레스토랑의 수비드 요리는 이 위험 요소를 잘 인지하여야 한다. 수비드 조리는 최소 1시

간 이상의 시간이 필요하기 때문에 레스토랑이나 단체급식에서는 대개 재료를 대량으로 미리 준비하고 수비드한 후 냉장 또는 냉동 보관하다 주문이 들어오면 데워 나간다. 특히, 이러한 시간 격차는 면역성이 약한 노인이나 환자에게는 식중독과 같은 문제를 야기할 수 있다. 그러므로 수비드 요리를 상업적으로 이용하는 경우에는 더욱 철저한 위생 라인업이 필요하다.

감각평가: 수비드 조리 질감 평가

- 목적: 저온요리 육류의 조리 질감을 묘사해 보자.

- 준비물: 수비드 기계, 진공포장 기계, 닭가슴살 2개, 올리브 기름, 소금, 후추, 칼, 도마, 개인 접시, 휴대용 가스버너, 팬

- 방법: 수비드 방식과 전통 방식으로 닭가슴살을 조리한다.

- 결과

	색	질감
전통 방식		
수비드 방식		

- 토론:

chapter 06

불과 조리: 캐러멜 반응과 메일라드 반응

- 조리는 향기를 만드는 과정

1. 가열에 의한 맛과 냄새 성분의 생성

식품을 조리하면 식품의 원래 향이 아닌 조리 향이 생성된다. 조리 향은 가열에 의한 반응, 효소반응, 산분해반응, 산화반응 등으로 만들어진다.

설탕은 그 자체로는 아무 냄새가 없지만 조리 시 고온으로 가열될 때 복잡한 냄새 성분들이 만들어진다. 당류의 분자구조가 열에 의해 파괴되면서 조리 시 독특한 향기물질이 만들어지는 것을 캐러멜 반응(caramelization)이라고 한다. 캐러멜 반응은 온도에 따라 반응이 전개되는 양상이 다르므로 온도가 향에 미치는 영향이 크다. 특히, 설탕이 150℃ 이상의 고온으로 가열될 때 수백 가지의 다른 화합물로 분해되면서 버터 향, 우유 향, 과일 향, 꽃향기, 단 향, 럼주 냄새, 구운 향 등 다양한 조리 향기가 생성된다. 알코올류, 알데하이드(세리주 냄새), 아세트산,(식초 냄새) 다이아세틸(diacetyl : 버터 향), 에틸아세테이트(과일 향)와 퓨란(견과류 향), 벤젠(솔벤트 냄새)과 말톨(토스트 향) 등은 캐러멜 향기의 독특한 구성 성분이다. 당분이 그 자체의 분해뿐만 아니라 다른 주변 화학물과 반응하여 갈색화될 때는 캐러멜 반응이라 부르지 않고 메일라드 반응이라고 칭한다. 메일라드 반응은 구운 빵이나 고기 냄새의 주된 냄새 성분이다.

2. 조리에서 캐러멜 반응의 이용(caramelization)

당류는 가열하면 달콤한 풍미가 생성되고 표면이 갈색으로 변한다. 설탕은 녹는점 이상으로 가열하면 수분이 증발하고 설탕 구조가 깨지면서 나타나는 현상으로 가열을 지속할수록 알데하이드, 케톤 등의 분해물질이 증가하면서 단맛은 점점 감소하고 쓴맛이 증가한다.

설탕의 캐러멜 반응 과정

캐러멜 반응을 이용한 조리의 예

1) 캐러멜 반응을 이용한 조리

(1) 크렘뷸레(Cream brulee)

생크림을 젤라틴으로 부드럽게 응고시킨 후 위에 황설탕을 덮고 토치로 강한 열을 가하면 설탕이 녹으면서 바로 굳어져서 유리 같은 비결정형의 설탕 캔디가 되어 바삭한 질감과 독특한 캐러멜 향기를 주게 된다.

(2) 캐러멜드 바나나

설탕을 녹여 캐러멜을 만들고 덜 익은 바나나를 올려 구우면 캐러멜은 굳지 않는 캐러멜 소스가 되고 덜 익은 바나나는 부드러워지면서 향과 단맛이 증가한다.

(3) 프렌치어니언 수프

캐러멜 반응은 고유한 단맛으로 설탕을 사용하여 디저트를 만드는 데 많이 쓰이지만 요리에도 자주 이용된다. 프렌치어니언 수프는 양파의 단맛 성분이 갈색이 될 때까지 볶아서 육수를 부어 끓인다. 구운 양파만의 복잡하고도 독특한 향미가 육수에 듬뿍 배어나면서 치즈를 올려 구워 내는 프랑스식 수프다.

양파가 볶아지면서 단맛 성분이 캐러멜화된다.

(4) 미르포아(Mirepoix)

양식 수프나 스톡, 소스를 만들 때 기본적으로 하는 조작으로 당근, 양파, 셀러리를 일정 비율로 볶아서 육수를 부어 향을 낸다. 당근, 양파, 셀러리의 당분이 갈색화되면서 맛 성분과 향 성분이 듬뿍 우러난다.

(5) 카레

카레의 갈색은 강황 등 향신료의 색도 있지만 처음 양파를 볶을 때 진하게 색을 내는 것에 기인한다. 오리지널 인도식 카레를 만들 때 인스턴트 전분 등은 들어가지 않으며, 갈색이 된 양파가 요구르트 산에 녹아서 걸쭉하게 농도가 난다.

2) 캐러멜 반응의 조건

- 조건 : 단맛 성분(설탕, 포도당, 과당, 유당, 전분 등)이 고열에 가열될 때
- 과정 : 당분 분자의 분해와 중합반응에 의해 캐러멜 화합물이 만들어진다.
- 결과 : 견과류의 향(Nutty flavor)과 흑갈색
- 관능감 : 바삭하고 복잡한 맛있는 탄 맛

그러나 조리가 일어나는 시점의 온도, 당 농도, 산도 등에 의해 캐러멜 반응은 각각 다른 결과물이 나타난다.

3) 캐러멜 반응에 영향을 미치는 요인

- 당의 종류
- 가열 시간과 가열 온도
- 당의 양
- 첨가물의 양
- 최종 조리 온도가 얼마인가에 따라서 캐러멜 반응의 결과 산물이 달라진다.
- 당의 정제도가 낮을수록 빨리 일어난다(흑설탕은 백설탕보다 낮은 온도에서 일어남).

- 당이 강산에서는 캐러멜화가 잘 일어나지 않지만 약산성 상태이거나 알칼리(pH 6.5~8.2)에서 더 잘 일어난다. 베이킹소다를 넣은 설탕 과자의 경우 향기의 발생은 낮은 온도에서 시작한다.

캐러멜드 어니언과 맛탕

캐러멜이 되는 당분의 온도

당분명	온도(℃)
과당(Fructose)	110
설탕(Sucrose)	160
맥아당(maltose)	180
포도당(glucose)	160
갈락토스(galactose)	160

4) 캐러멜화 결과

- 다양한 맛이 나온다.
- 특징적인 향기가 생긴다.
- 온도가 높으면 액체가 되고 낮으면 굳는다.
- 물성이 달라진다.
- 설탕 외 다른 재료(우유, 버터, 콘시럽, 레몬즙 등)가 들어가면 굳어지지 않는다(캔디의 원리).

- 캐러멜 캔디 제조법 -

재료 설탕 100g, 물 2T, 생크림 4T, 버터 40g, 럼주 2t, 식용유, 견과류 또는 슈가파우더 약간

❶ 팬에 설탕과 물을 넣고 약불로 금갈색이 나게 졸인다.
❷ 불에서 내린 후 따뜻하게 데운 생크림과 버터를 넣고 휘핑한다(윤기와 볼륨감).
❸ 럼주를 넣고 소스를 식용유를 바른 틀에 붓고 식힌다.
❹ 캐러멜이 거의 굳으면 칼로 잘라 보관한다
(또는 견과류 다진 것을 넣고 치대어도 됨).

온도에 따른 당의 상태와 이용

온도(℃)	상태명	설탕 상태	모양
100		심플 시럽	고도가 높으면 끓는점이 1℃ 낮아짐
101~112	Thread 설탕 농도 80%	더블 시럽 음료용 시럽 과일절임용 또는 아이싱용	농도감이 생기기 시작하고 스푼으로 접시에 5cm 위에서 떨어뜨리면 라인이 이어짐
112~115	Soft-Ball 설탕 농도 85%	폰당, 이탈리안 머랭, 버터크림 만들 때,	냉수에 떨어뜨리면 부드럽고 탄력 있는 방울을 이루어 내려간다. 그러나 손으로 건지면 (바닥에서는) 퍼짐
116~120	Firm ball 설탕 농도 87%	퍼지, 캐러멜 캔디	손으로 건져도 납작해지지 않지만 여전히 말랑거리고 누르면 찌그러짐
121~131	Hard-Ball Stage 설탕 농도 92%	누가, 마시멜루	시럽 농도가 진해지고 떨어뜨리면 주르륵 두껍게 떨어짐. 찬물에 떨어뜨리면 단단한 볼을 형성해서 꺼내도 형태 유지. 그래도 누르면 형태 변경 가능
132~143	Soft-Crack Stage 설탕 농도 95%	버터스카치, 태피	설탕 시럽의 거품이 작아지고 두꺼워지며 조밀하게 생김. 차가운 물에 떨어뜨리면 실을 형성하는데 구부리면 휘어지다 부서짐
148~154	Hard-Crack Stage 설탕 농도 98%	단단한 사탕(롤리팝), 브리틀	찬물에서 건지면 부서지는 긴 실로 굳음
160~171	디저트용 Light caramel 설탕 농도 99%	160℃에서 설탕 캐러멜화 시작 syrups 견과류 코팅용, 데코레이션용 시럽	팬의 가장자리부터 황금색으로 퍼진다. 설탕이 분해되면서 특유한 향이 나기 시작
171~182		설탕공예용, 가늘게 뽑기(꿀타래)나 케이지 만들기	중간 갈색 Caramel
190~193		캐러멜색소, 착향착색제 간장, 안동찜닭 등	다크브라운 Caramel 단맛은 없고 색과 특유한 향만 있음
210		식용으로 사용 불가	녹은 설탕은 탄화되어 쓴맛

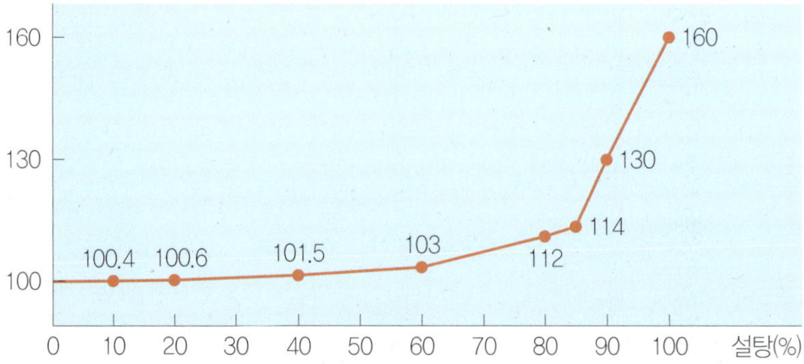

캐러멜 반응의 속도

아주 약간의 소다는 pH를 높여 주어 캐러멜 반응이 잘 일어나게 한다.

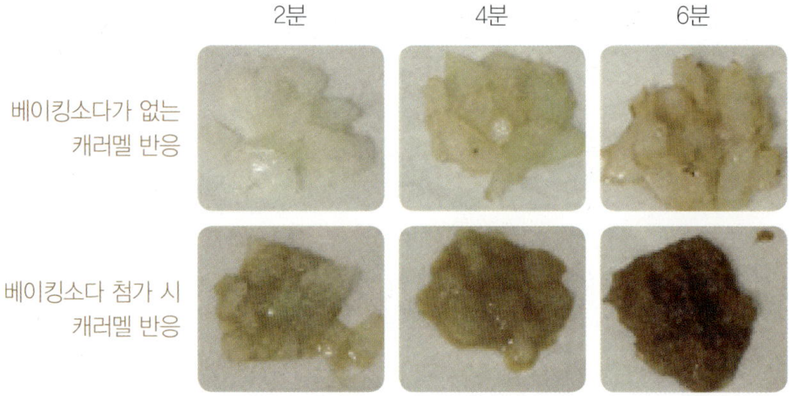

베이킹소다가 캐러멜 반응에 미치는 영향

가늘게 실로 뽑힌 설탕

170℃로 가열된 설탕이 녹은 끓는 액체를 미세한 구멍이 있는 회전 솜사탕 기계에 넣고 돌리면 원심력으로 설탕 액이 외부로 가늘게 뿜어져 나오다가 순간적으로 굳어진 것이 솜사탕이다. 여러 가지 색소를 넣어 컬러 솜사탕을 만들 수도 있다.

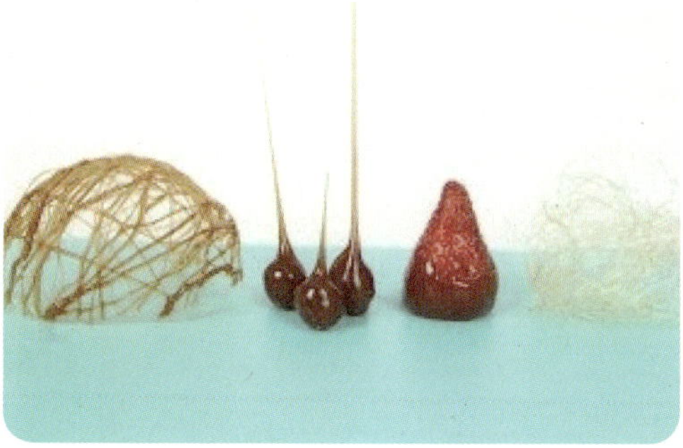

캐러멜의 물성을 이용한 조리 : 설탕공예

3. 메일라드 반응

불은 향기를 이끌어 낸다. 식품을 가열하면 식품 내 단백질이나 아미노산과 당이 반응하면서 특유한 갈색 물질이 만들어질 때 각종 냄새 분자들도 함께 만들어진다. 또한, 가열 온도에 따라 다양한 냄새물질이 만들어질 수 있다. 고기 굽는 냄새, 빵 굽는 냄새를 비롯하여 각종 견과류 볶는 냄새, 커피나 차, 초콜릿의 향기 성분, 훈제육 향기 등이 모두 메일라드 반응에 의한 것이다.

- 캐러멜 반응 : 당분이 열분해되는 것
- 메일라드 반응 : 당과 단백질이 고열에 가열될 때 맛물질이 생기는 반응(luise Mailard, 1912)

불은 향을 이끌어 낸다. - 메이야르 박사

1) 메일라드 반응의 예

직화 고기구이

우유 식빵의 껍질 색깔

토스트

밀가루나 빵가루를 입힌 튀김의 갈색

바삭바삭 노릇노릇 녹두전과 부침

설탕이 많이 들어간 갈비찜의 갈색

칠면조나 통닭의 껍질 색

연어구이의 먹음직스러운 갈색

가마솥 누룽지의 구수한 맛과 색

구운 땅콩과 아몬드의 고소한 맛 성분

커피의 쓴맛

녹차향 모두 메일라드 반응의 결과물이다.

2) 메일라드 반응 = 갈색화 반응의 결과 산물

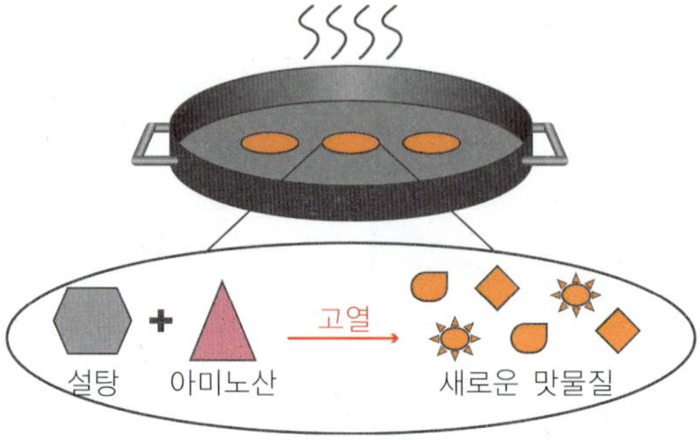

당과 아미노산이 가열되면 가열 정도에 따라 신맛이 먼저 만들어지고 점차 구운 고기 향과 토스트 향으로 단 냄새가 나다가 쓴맛과 떫은맛, 탄 맛을 내는 물질로 변해 간다.

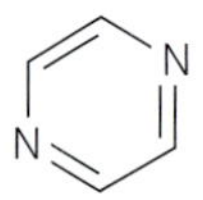

피라진
구운 맛
토스트 맛
익은 맛

피롤
씨리얼 같은 견과류

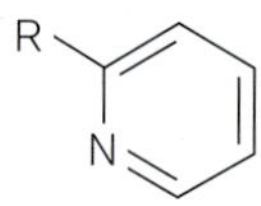

알킬피리딘
쓴맛
탄 맛
아린 맛

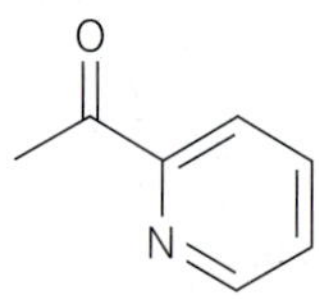

아크릴피리딘
크레커 맛
씨리얼 맛

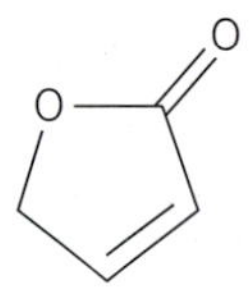

퓨라돈
달콤한 맛
캐러멜 맛
탄 맛

퓨란
고기 맛
탄 맛
캐러멜 맛

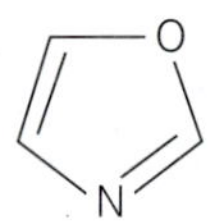

옥사졸
견과류 맛
단맛
채소 맛

티오펜
고기 맛
구운 맛

대표적인 메일라드 반응의 맛물질

메일라드 반응의 결과물은 수백 가지 이상 생길 수 있는데, 향과 맛에 기여를 한다. 과하게 진행되면 탄 맛의 원인이 된다.

감자튀김의 갈색도 메일라드 반응의 결과이다.

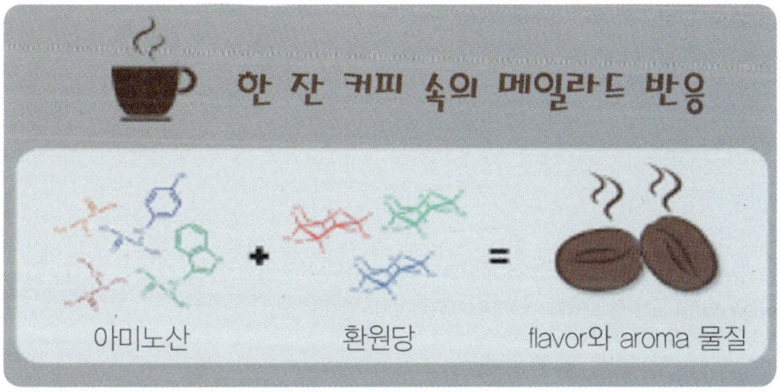

커피의 메일라드 반능

커피를 볶은 정도(로스팅)에 따라 메일라드 반응의 결과산물이 다르고 맛이 달라진다

3) 메일라드 반응의 특징

- 당과 단백질에 155℃ 이상의 고열이 가해질 때 생긴다.
- 수백 가지의 향미물질이 만들어진다(같은 재료로도 불 조절에 따라 다른 맛).
- 표면에만 발생하기 쉽다(빵 껍질, 고기 표면 등).
- 첨가되는 당의 종류와 양에 따라 다른 향미가 나타난다.
- 산도, 수분량, 산소량, 금속량, 기타 황화합물, 인화합물량 등

소량의 설탕을 뿌려 구운 것

설탕 없이 구운 색

메일라드 반응의 컨트롤 요인

- 온도, pH, 습도, 황화합물의 양
- 온도를 올리거나 산도를 높이면 메일라드 반응이 촉진된다.
- 수분 활성도가 중간일 때(즉, 수분이 너무 많거나 너무 적지 않을 때) 메일라드 반응은 최대가 된다.

4) 메일라드 반응의 온도와 시간

- 수분이 많으면 반응이 잘 일어나지 않는다(물은 100℃에서 끓으므로 메일라드 반응에 필요한 155℃까지 올라가지 않는다).
- 수분이 많아도 당과 단백질이 농축되거나 오랜 시간 가열되면 반응이 일어난다(예 : 맥반석 계란).
- 수분이 많아도 알칼리도가 높으면 반응이 일어난다(예 : 베이킹소다를 넣은 찐빵).

맥반석 계란

수분이 많은 식품도 낮은 온도에서 메일라드 반응을 오래 진행시키면 갈색이 만들어진다.

캐러멜 반응과 메일라드 반응의 맛 차이

캐러멜 반응 맛	메일라드 반응 맛
달콤한 맛(설탕과 다른 당류)	캐러멜 반응의 모든 맛
신맛(아세트산)	맛있는 맛(아미노산 맛)
쓴맛(캐러멜 끝부분의 맛)	꽃향기
과일 향(에스터류)	양파 향(황화합물)
세리 향	구운 고기 냄새
버터스카치 향	채소 향
캐러멜 향	초콜릿 향
견과류 향	씨리얼 향, 토스트 향

5) 메일라드 반응의 단점

- 단백질과 당분 영양소의 소실
- 원하지 않은 갈색(우유나 주스, 크림 멸균 가열 시)과 쓴맛
- 고도로 진행된 메일라드 반응은 발암성 물실로 변이된다.

감각평가: 기호도 순위 분석

- 목적: 온도를 달리 가공한 우유의 맛 차이를 알아보고 선호 순위를 매겨 보자.
- 준비물: 시판 우유 4종 + 1종(멸균 우유, 파스퇴르 우유, 저지방 우유, 일반 우유), 컵, 물
- 결과

시료 번호	색	농도 진한 것	향이 좋은 것	맛이 가장 좋은 것	동일한 우유에 체크
733					
482					
957					
629					
398					
계					

- 토론:

chapter 07

육류의 조리

1. 육류의 사후경직과 숙성

동물이 도살되면 산소 공급이 중단되고 근육 내부에 남은 에너지원이 서서히 고갈되면서 세포 활동이 정지된다. 따라서 도살 직후에는 부드러우나 시간이 지나면서 고기가 단단해지는데 이를 사후경직(rigor mortis)이라고 한다. 사후경직이 시작될 때까지 걸리는 시간은 동물의 크기가 클수록 길어지고 온도가 높을수록 빨리 진행된다. 닭은 1시간 이내에 경직이 시작되고 돼지는 2시간 이내에, 소는 도살 후 9시간 정도 지나면 굳기 시작한다. 따라서 신선육을 이용하는 경우라도 경직이 시작되기 전의 고기를 유통하는 것은 어렵고 산지라 하더라도 사후경직이 일어난 뒤 경직이 풀리는 시점까지 기다려서 조리해야 부드럽다.

사후경직이 시작되면 근육 내 에너지가 모두 소모되면서 젖산이 만들어지므로 근육의 산도는 pH 5.5까지 떨어지면서 미생물이 자랄 수 없는 내부 환경이 만들어진다. 사후경직은 시간이 지나면 단백질 분해효소가 작동하여 근육을 끊어 내므로 부드러워진다. 이를 육류의 숙성(aging)이라고 한다. 잘 숙성된 육류는 단백질의 자가소화가 일부 진행되어 부드럽고 탄력이 있으면서도 맛을 내는 아미노산의 함량이 높아져서 감칠맛이 증대된다.

육류는 온도가 높으면 빨리 숙성되지만 세균의 성장이 우려되므로 대개 냉장온도에서 상대습도 70%로 숙성시킨다. 닭고기는 1~2일, 돼지고기는 3~5일, 쇠고기는 7~10일이 지나면 육즙이 많고 맛 성분이 증가하여 질감이 좋은 고기가 된다.

일부 쇠고기의 경우 맛 성분을 농축시키기 위해 드라이에이징(dry aging) 기법을 사용한다. 숙성고의 온도를 낮게 유지하되 건조한 공기가 통하게 2주 정도 숙성하면 표면이 말라가면서 껍질이 생기고 속에서 풍미를 주는 아미노산이 많이 생성되어 각별한 맛을 줄 수 있다. 드라이에이징은 세균 발생으로 인한 부패를 방지하기 위하여 숙성온도와 습도를 주기적으로 높였다 낮추는 방식을 사용하거나 유산균 등의 유익균을 살포하여 진행한다. 드라이에이징으로 숙성된 고기는 진한 풍미가 있어 고급육으로 고가에 팔리지만 건조로 인하여 중량이 줄어드는 단점이 있다.

2. 육류의 고온조리

1) 육류의 맛과 질감 평가지표

'고기가 맛있다'라는 말을 할 때의 맛은 맛 성분에 의한 혀끝에서 느끼는 맛을 의미하는 경우도 있지만 더 강하게 인지하는 부분은 질감, 즉 부드러운가 촉촉한가 질긴가 등의 질감 특성을 의미하는 경우가 많다. 또한, '맛있다'라는 말에는 고기의 냄새 성분에 대한 평가가 포함되어 있다.

(1) 육류의 맛

혀끝에서 느끼는 맛을 주는 성분은 육즙 속의 수용성 아미노산과 그 조리 산물이다. 수용성 아미노산의 성분은 도축 직후에는 양이 적으나 육류의 종류에 따라 차이가 나며, 숙성도가 진행될수록 양이 증가되어 맛 성분이 많아진다. 육류의 맛은 결정적으로 고온에 의한 조리 과정에 의해 메일라드 반응이 진행되면서 아미노산과 지방 성분의 분해와 합성을 통해 맛 성분이 만들어진다.

(2) 육류의 질감 요인

육류의 질감에 영향을 미치는 요인은 근육단백질 및 결합조직의 구성과 지방 분포가 중요한 역할을 한다. 무엇보다 조리 중 단백질이 열변성을 받으면서 질감이 생고기일 때와는 많이 달라진다.

(3) 육류의 냄새 요인

원래 생고기에서는 피 냄새를 제외하고는 냄새가 나지 않는다. 즉, 고기의 냄새 성분은 주로 고온조리 시 지방산과 아미노산이 반응해 만드는 카르보닐화합물에 의한 것이다. 육류의 숙성이 지나쳐서 부패로 넘어가면 부패취가 생긴다.

육류의 감각평가 언어 표현

	감각 언어 (Sensory Attributes)	설명 (Description)
외관 (Appearance)	로즈 컬러(Rose Color)	• 육류 내부의 핑크빛 빛깔 (Intensity of rose color through the meat)
	구운 색(Done Color)	• 갈색의 구운 색 (Intensity of done meat color through the meat)
	촉촉함(Wet surface)	• 표면의 마른 느낌 또는 촉촉한 느낌 (Moisture on the surface of the meat
맛 (Flavor)	고기 맛(Meat)	• 고기 맛의 강도 (Intensity of the meat flavor)
	금속 맛(Metal)	• 금속 맛의 강도 (Intensity of the metallic taste)
	쓴맛(Bitter)	• 쓴맛의 강도 (Intensity of the bitter taste)
	신맛(Acidic)	• 신맛의 강도 (Intensity of the acidic taste)
질감 (Texture)	육즙(Juiciness)	• 입안에서 다섯 번 씹을 때 육즙의 양 (The amount of Juice in the mouth after five chews)
	부드러움(Tenderness)	• 씹는 동안 이에 의해 쉽게 잘려 나감 (How easy the meat is divided during chewing)

출처 : L. Christensen et al. / Meat Science 90 (2012) pp. 485-489.

2) 단백질의 변성과 질감

- 어떤 이유로 단백질이 원래의 구조를 잃고 펴지거나 엉기면서 성질이 변하는 것
- 가열, 산 처리, 알칼리 처리, 교반 등 다양한 조리 동작이 변성을 일으킨다.
- 변성이 되면 단백질 모양이 변하므로 식품의 질감과 상이 변한다 (액체가 고체로, 고체가 액체로, 액체가 기체로).

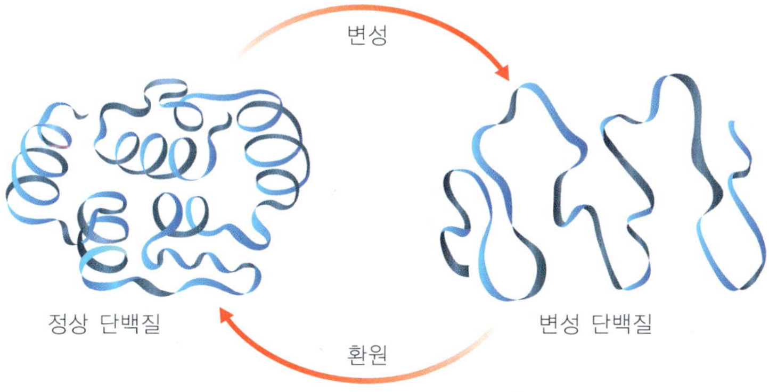

단백질의 변성과 환원

조리 중 단백질의 변성 현상과 요인

변성 요인	변성 상태	조리 예
열	응고	삶은 계란, 구운 고기
열	용해	사골 곰국(콜라겐이 젤라틴으로)
산	강한 결합	요구르트, 리코타 치즈
염	강한 결합	두부, 소금절임
건조/냉동	탈수	명태, 육포, 건조고기, 냉동육
교반	거품 생성	계란 흰자, 우유 거품, 아이스크림
효소	응고	치즈(레넨에 의한 응고)

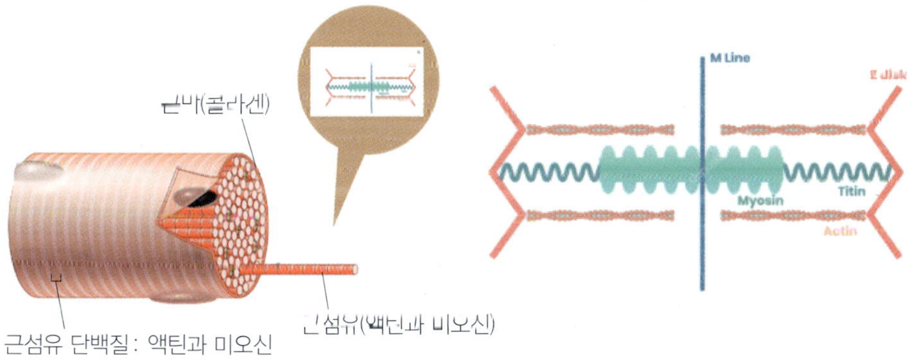

3) 육류의 전통 가열요리

(1) 동물성 식품의 천연색소와 가열에 의한 변화

육류 내에는 붉은색을 내는 헤모글로빈과 미요글로빈이 있으며, 산화 과정을 통해 붉은색부터 갈색까지의 색 변형이 나타난다. 산화 이외에도 육류의 천연색소는 가열에 의한 색 변화를 가져온다.

정상 육색

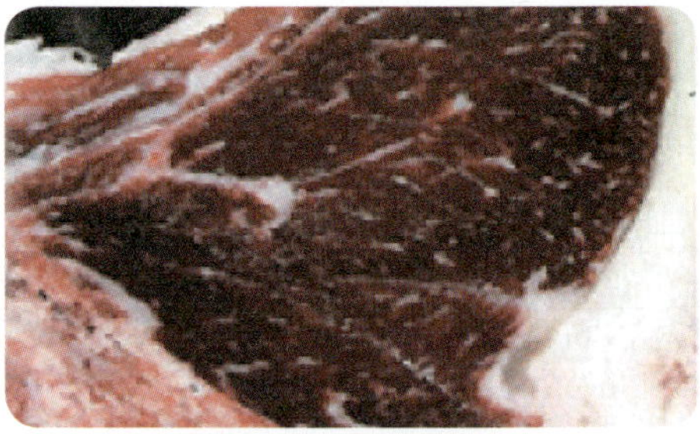

DFD 육색

출처: 축산물품질평가원(www.ekape.or.kr).

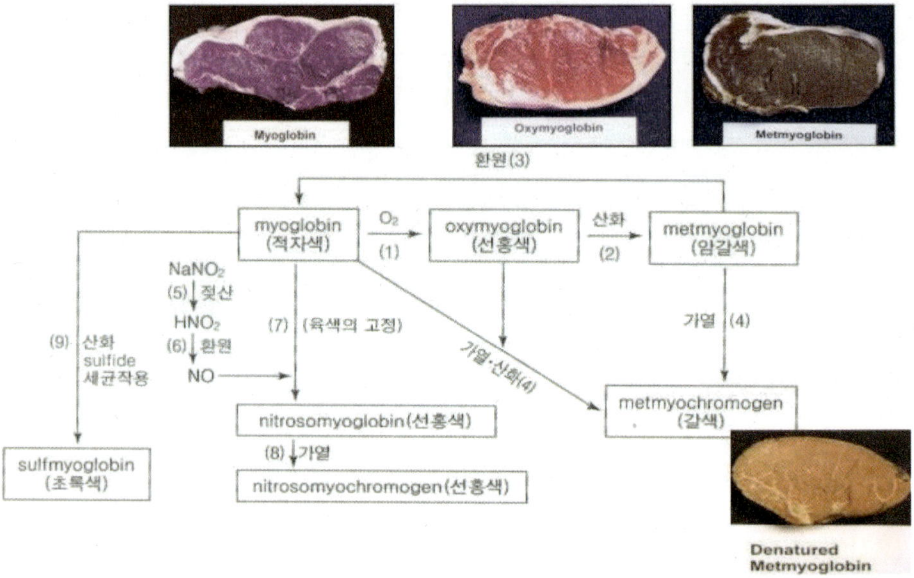

(2) 가열온도에 따른 색의 변화

육류의 헤모글로빈과 미요글로빈은 조리에 당이 사용될 경우 고온에 의한 메일라드 반응이 유도되면서 특유의 향과 갈색을 만든다.

① 전통 조리법과 색 :

② 수비드 조리와 색 :

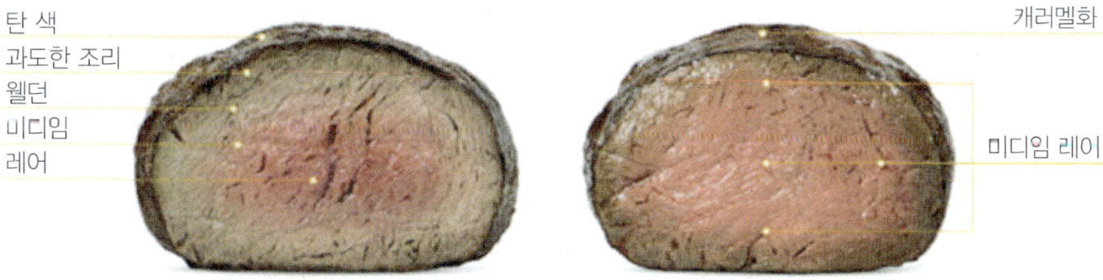

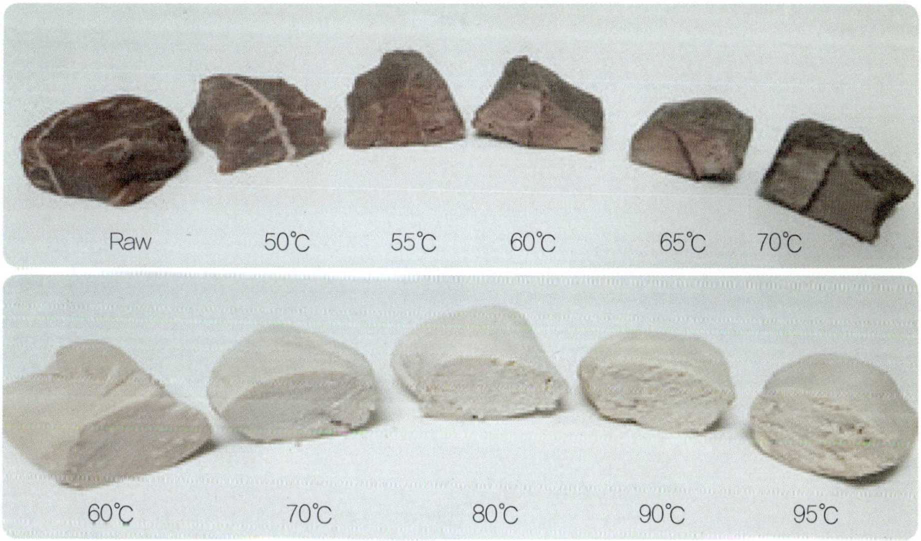

쇠고기와 닭고기의 가열온도에 따른 색 변화

(3) 건열조리

전통적인 고기 요리 방식은 큰 덩어리 고기라면 일단 센 불에서 고기의 표면을 시어링(csearing)하고 오븐에서 속까지 천천히 익히는 건열조리법을 주로 사용한다. 썰어서 보면 중심이 미디엄 또는 레어로 조리된 것을 많은 사람들이 선호한다.

구이나 오븐을 사용하는 건열조리는 대개 조리 시작온도가 아주 높게 시작하고 마감온도는 내부까지 익도록 160~240℃ 정도로 낮아진다. 매질은 뜨거운 팬이나 공기, 직화열이 된다. 이때 단백질의 구조 변화를 보면 미오신과 액틴이 열을 받으면서 변성이 일어난다.

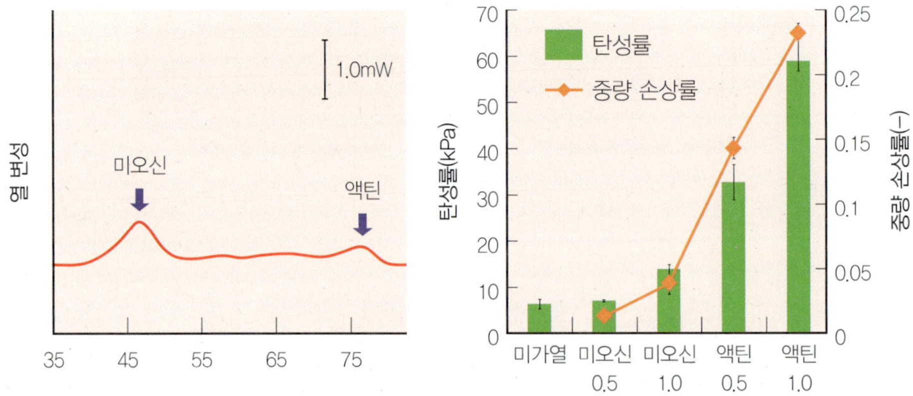

액틴과 미오신의 가열 변성

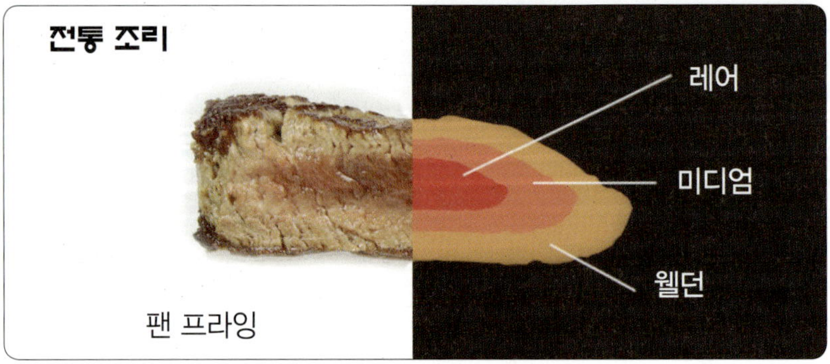

전통 조리 시 육류 내부의 변화

온도에 따른 육류 단백질의 변화

근육은 75%의 물과 20%의 단백질, 5%의 지방으로 이루어져 있다. 육류를 고열로 조리하면 육류 내 단백질이 변성하면서 질감이 질겨진다. 육류 내 단백질은 종류마다 변성온도가 달라지는데 육류의 세포질 단백질은 변성이 되면 부드럽게 젤을 형성하는 반면, 근섬유를 이루는 액틴과 미오신은 연쇄결합으로 질겨진다. 근막을 이루는 콜라겐은 40℃에서 변성이 시작되며, 온도가 올라갈수록 단단해지다가 오랜 시간 열을 받으면 액체로 변화하면서 녹아 버려 근막이 없어져 부드러워진다. 미오신은 50℃, 액틴은 65℃에서 변성이 시작된다.

스테이크 그릴 차트

두께(인치)	조리 정도	시간
3/4"	레어(Rare)	6
	미디엄(Medium)	8
	웰던(Well)	12
1"	레어(Rare)	8
	미디엄(Medium)	10
	웰던(Well)	14
11/4"	레어(Rare)	9
	미디엄(Medium)	12
	웰던(Well)	16
11/2"	레어(Rare)	10
	미디엄(Medium)	13
	웰던(Well)	18

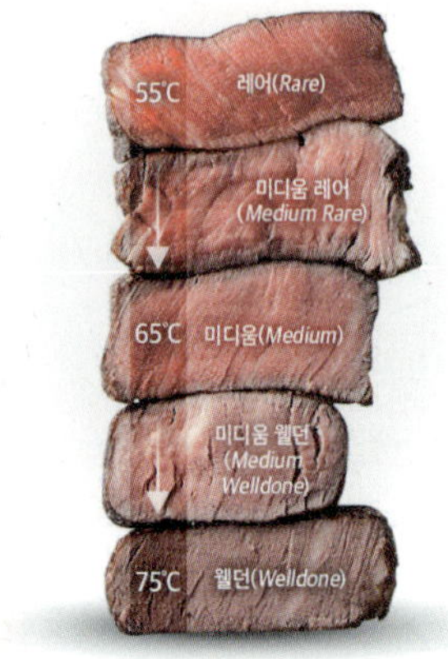

(4) 습열조리 : 콜라겐과 젤라틴

찜과 조림의 고기 요리 방식은 물이나 수증기를 사용하므로 조리온도가 100℃를 넘어갈 수 없다. 물 대신 와인에 담가 오래 뭉근한 불로 푹 조린 비프 부르기뇽 같은 요리는 서양에서 유명하고 우리나라의 경우 장조림처럼 쇠고기를 양념물에 푹 무르게 조리기도 한다. 동양에서는 샤부샤부처럼 얇게 썰어 살짝 데치거나 삼겹살 수육처럼 삶는 요리도 전통적인 습열 고기 요리 방법이다. 이때 조리온도는 비교적 일정하게 유지되므로 질감에 영향을 주는 요인은 조리 시간이다.

습열조리 시 질감이 크게 달라지게 만드는 요인은 육류 내 콜라겐 단백질로 근막이나 인대를 구성한다. 콜라겐은 58℃ 정도로 열을 받으면 서서히 변성이 시작되는데 습열조리처럼 온도가 빨리 높아지면 단단하고 질긴 교차결합이 생기면서 아주 단단하고 질겨진다. 그러나 100℃에서도 콜라겐을 오래 끓이면 세 가닥의 펩티드가 분리되면서 젤라틴으로 변하고 수용성인 젤라틴은 끓이는 육수에 녹아 나온다. 콜라겐이 젤라틴이 되면 고온에서는 액체이지만 식으면 수분을 함유하는 젤리로 굳어진다. 이를 이용하여 족편 등을 만들 수 있다.

감각평가: 이점 대비법

- 목적: 10%와 10.3% 설탕물의 차이를 식별해 보자.
- 시료: 설탕, 물
- 준비물: 종이컵, 숟가락, 저울, 네임팬
- 각각 맛을 본 뒤 더 달다고 느끼는 시료 번호에 표시한다(3회에 걸쳐 반복 실험).

	시료 번호 세트	맛이 더 단 것 번호(10.3%)
1회	891 / 258	
2회	517 / 686	
3회	672 / 199	
개인별, 조별 맞춘 수 합계		

- 토론:

chapter

08

계란의 조리

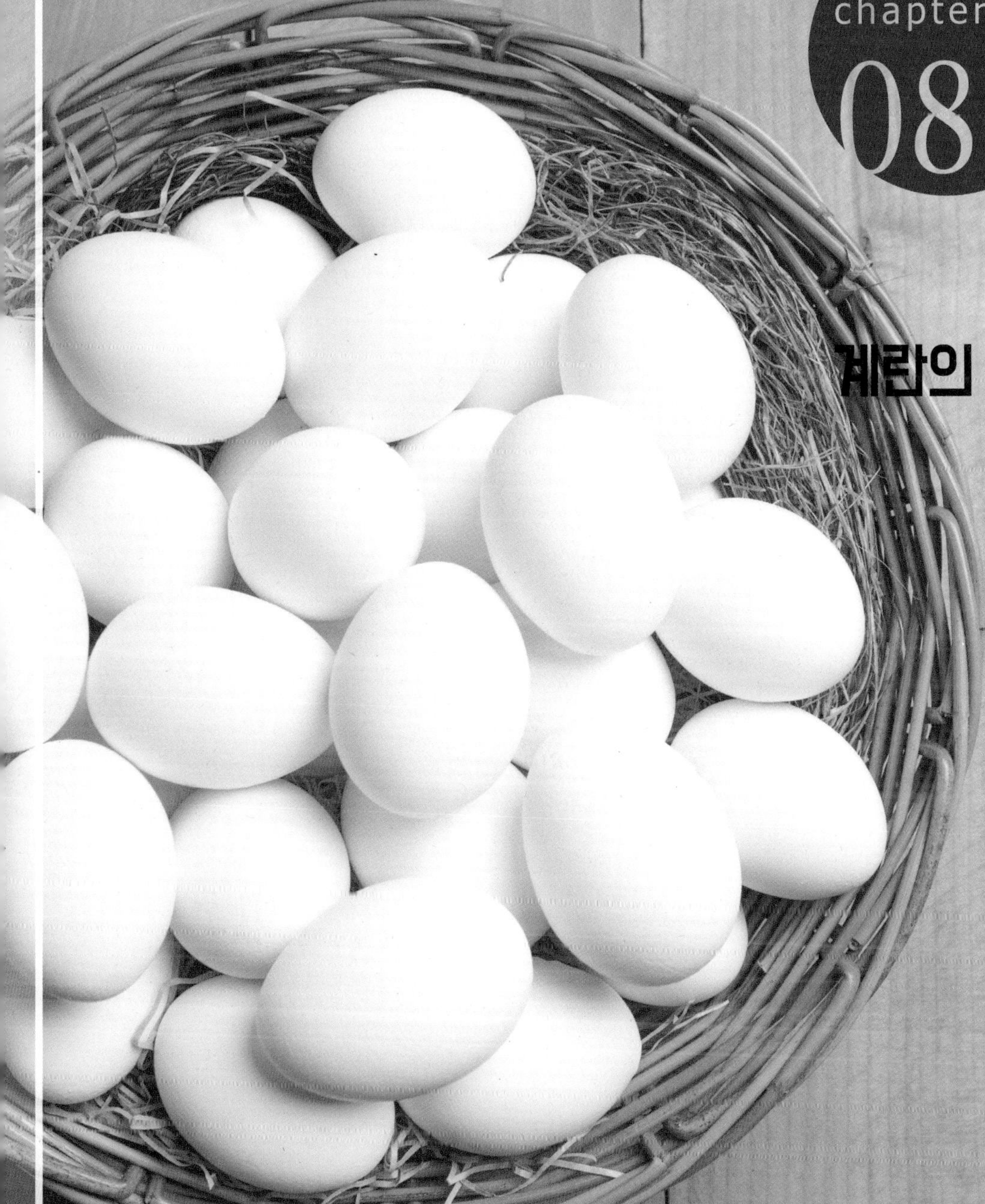

현대인의 식탁에는 계란과 메추리알, 오리알 등 가금류의 알과 캐비어, 연어알, 날치알 등 수많은 어류의 알이 여러 목적으로 다양한 조리에 사용되고 있지만 가장 일반적이고 널리 사용되는 것은 계란이다.

계란은 조리 난이도가 가장 높은 식재료 중 하나이다. 계란은 상온에서는 액체이지만 온도와 첨가물질의 변화, 물리적인 처리 방식에 따라 질감이 다양하게 변화한다. 지단, 계란찜 등 계란의 조리가 비교적 한정되고 질감의 변화에 크게 민감하지 않은 한국요리에 비하여 서양요리에서는 마요네즈나 홀랜다이즈 소스 등 각종 소스의 유화제로 난황을 사용하거나 크렘 앙글레제, 자바이오네, 에그타르트 등 부가가치가 큰 디저트에 계란이 많이 사용된다. 이런 음식은 계란의 응고성과 유화성을 이용하기 때문에 조리사가 계란의 질감이 미묘하게 변화하는 조리 과정과 온도 변수, 첨가물의 영향을 잘 이해하여야 농도 조절에 실패하지 않고 정확한 질감을 구현해 낼 수 있다.

1. 계란의 구조와 질감

계란 요리에서 질감의 변화를 유발하는 것은 바로 계란 내의 단백질이다. 계란은 흰자와 노른자의 구성 단백질이 달라서 흰자만 요리하거나 노른자만 요리할 때, 그리고 이 둘이 섞여진 전란을 요리할 때의 조리 질감이 매우 달라진다.

계란의 구성분	난황	난백
평균 무게	17g	38g
단백질	2.7g	3.9g
탄수화물	0.3g	0.3g
지방	6g	0
콜레스테롤	213mg	0
칼로리	64kcal	20kcal

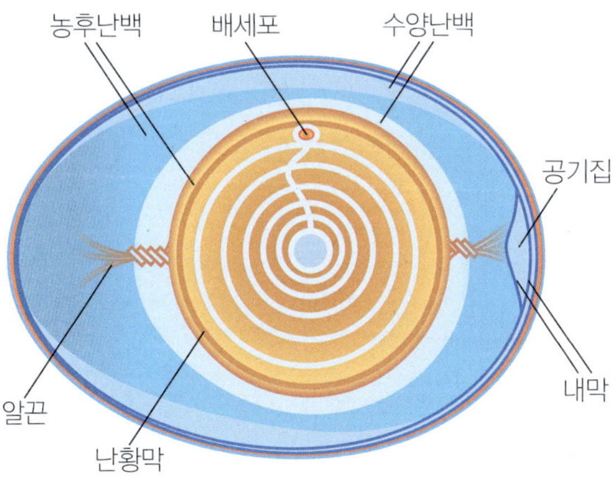

계란의 구조

1) 노른자의 구조와 질감

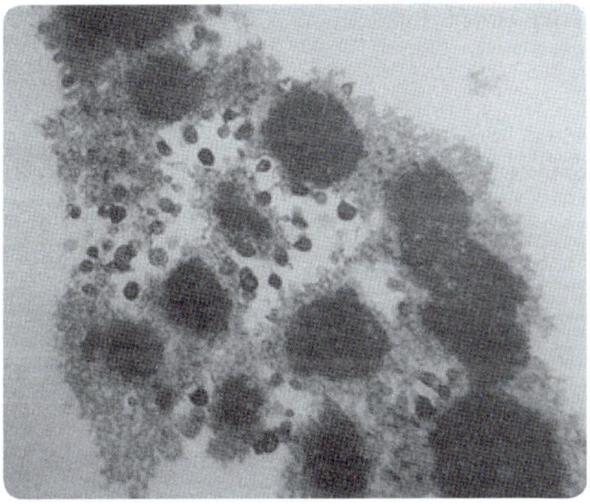

난황의 전자현미경 사진

난황 내 입자들은 지방과 콜레스테롤로 작은 지방구가 중심이 되어 뭉쳐져 있고 이를 인지질과 단백질이 둘러싸서 물에 지방을 녹인 형태로 감싸고 있다. 조리사는 경험적으로 지단을 부칠 때 바로 깬 난황으로 부치면 두껍게 된다는 것을 알고 있다. 그러나 소금을 조금 넣어 저어 주면 몇 분 후 노른자의 색깔이 투명해지고 농도가 흐를 정도로 묽어져서 얇고 부드러운 지단을 부칠 수 있다. 지단의 질감에 영향을 주는 시간과 소금의 역할은 바로 난백질에 있다. 난황의 얇은 막 속에는 수분이 많이 들어 있고 이 수분 안에 수백 종류의 구형물질들이 떠 있다. 이 구형물질들은 빛을 반사하기 때문에 계란 난황을 깨어서 바로 풀면 난황액은 불투명한 황색으로 보인다.

그러나 깬 난황에 소금을 조금 가하고 저어 주면 소금이 난황 속에 들어 있는 빛을 반사하는 큰 지방구 입자들을 둘러싼 단백질과 인지질의 정전기적 결합을 방해하면서 다양한 소입자로 서로 분리되어 빛이 투과시킬 만큼의 작은 크기로 분산되고 끈끈한 점도는 줄어들게 된다.

2) 난백의 구성 단백질

난백은 계란 내용물 무게의 약 2/3를 차지하며, 90%는 수분이다. 난황의 풍부한 지방의 질감과 맛에 비해 난백은 색과 향이 없지만 흰자 내에는 거품성이나 응고성이 각각 다른 여러 단백질이 풍부히 조합되어 들어 있어서 조리 조건에 예민하게 반응하며 질감을 변화시킨다.

알부민은 난백에 가장 풍부하게 든 단백질로 계란이 병아리로 부화될 때 난황을 보호하는 쿠션 역할을 하고 병아리가 알을 깨고 나올 때까지의 영양 성분을 공급한다. 알부민은 열에 대한 저항성이 강하여 80℃ 이하에서는 응고하지 않고 농후난백이 흐르는 유동성을 가지게 한다. 또한, 알부민은 난황의 황 성분과 반응을 하여 완숙 시에 독특한 질감과 색, 향을 준다. 오래 가열된 완숙란의 난황이 녹색으로 변하고 흰자는 옅은 황색으로 변하는 것은 알부민 때문이다. 알부민의 열에 대한 저항성은 특이하게 닭이 알을 낳은 후 시간이 갈수록 더 강해진다. 따라서 낳은 지 며칠이 지난 계란은 바로 낳은 신선란보다 조리온도를 더 높여야 완숙시킬 수 있다.

트랜스페린은 난백의 구성분 중 두 번째로 양이 많은 단백질로 주로 농도가 묽은 수양난백에 있으며, 열을 받으면 가장 먼저 굳어지는 단백질이다. 트랜스페린의 열응고성은 흰자만 가열할 때와 전란을 섞어서 가열할 때 달라진다. 계란을 삶을 때처럼 흰자와 노른자가 분리되어 가열될 때 트랜스페린은 60℃에서 응고를 시작하지만 난황과 섞여 있으면 난황의 풍부한 철분이 트랜스페린과 결합하여 응고를 방해한다. 그래서 에그타르트를 만들 때 60℃에서도 타르트의 내용물이 굳어지지 않은 것을 볼 수 있다. 트랜스페린은 금속과 마찰이 되면 색이 변화한다. 구리볼에 계란 흰자를 휘핑하면 거품이 약한 황금색을 띠며, 철가루를 조금 넣어 주면 핑크빛 머랭이 만들어진다. 반면, 질이 좋지 않은 스테인레스볼에서 흰자를 휘핑하면 난백의 거품이 회색으로 변하는 것을 볼 수 있다.

뮤신은 양으로는 2%밖에 안 되는 작은 구성 단백질이지만 특유의 탄성으로 계란의 상품성과 조리성에 큰 영향을 미친다. 뮤신은 뜨거운 액체 속에서 계란이 가열될 때 탱글탱글한 탄성을 가지고 응고하므로 난황을 단단히 감싸서 볼륨을 잡아 주는 역할을 한다. 신선하지 않은 계란을 포치드 에그나 프라이드 에그로 조리할 때 흔히 모양이 액체 속에서 풀어져 퍼지고 둥글게 엉기지 못하는 현상을 자주 볼 수 있다. 이는 농후난백이 시간이 지나면서 수양난백으로 변하면서 뮤신 단백질의 양이 줄어들어 구조의 탄력성이 소실되었기 때문이다. 또한, 뮤신은 거품이 일어날 때 안정된 구조로 공기를 포집하는 역할을 하고 거품이 빨리 사라지지 않도록 잡아 주는 역할을 한다.

난백의 구성 단백질

단백질	총단백질 내 비율(%)	생리 기능	조리 특성
알부민	54	• 영양 성분	• 80℃ 이상에서 응고한다.
트랜스페린	12	• 철 결합 성분	• 60℃ 이상에서 응고한다.
뮤코이드	11	• 소화성 효소를 막아 준다.	
글로불린	8	• 난막을 지지하는 역할	• 거품이 쉽게 일어난다.
리소자임	3.5	• 박테리아 세포벽을 소화시킨다.	• 75℃ 이상에서 응고된다. • 거품을 안정화시키는 역할
뮤신	1.5	• 농후난백을 형성한다. • 바이러스 침투를 막는다.	• 거품을 생성하고 안정화시킨다.
아비딘, 기타 단백질	10	• 비오틴 및 비타민과 결합한다.	

2. 계란의 조리 특성

1) 응고성

액체 상태의 계란은 열을 받으면 2단계의 변화를 거쳐 응고된다. 응고의 원인물질은 난황과 난백 속에 든 단백질로 열이 단백질의 천연 구조에 변화가 생기기 때문이다. 단단하게 구형을 이룬 천연 계란 단백질은 주변의 물에 부유하는 상태로 존재한다. 그러나 열을 받으면 에너지 수위가 높아지면서 분자 진동에 의해 구형 단백질이 선형으로 풀어지게 된다(unfolding). 선형으로 풀어진 단백질은 서로 교차결합이 생기면서(bonding) 물에 떠 있는 것이 아니라 물을 포함하는 젤의 구조가 된다. 구형 단백질 상태 때에는 빛을 투과하던 상태로 계란 흰자나 노른자 모두 투명하고 점성을 가지지만 선형으로 풀어지면 점성이 증가한다. 완전히 굳어지면 불투명해지면서 망상구조 속에 물을 머금게 되어 촉촉한 고체로 굳게 된다.

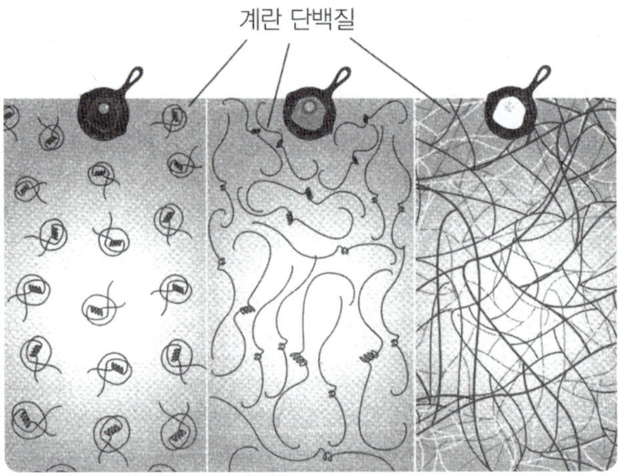

온도에 따른 계란 단백질의 변성과 응고성

출처: Harold McGee(2004).

열 이외에도 산이나 소금을 더하거나 휘핑을 쳐서 거품을 내면 단단한 구형 단백질이 선형으로 풀어지면서 단백질 분자 간의 연결이 시작된다. 열과 산, 소금,

휘핑 등의 여러 가지 조작을 동시에 가하면 단백질이 풀어지는 정도와 망상조직을 이루는 정도도 달라져서 원하는 만큼의 연하거나 단단한 질감과 외관을 조작할 수 있다. 조리가 지나치게 진행되면 오버쿡에 의해 계란의 단백질은 실타래처럼 엉켜 버려서 고무와 같은 질긴 질감으로 변하거나 물이 빠져나가면서 분리되는 현상이 생긴다.

일반적으로 흰자는 63℃부터 진해지기 시작하며, 65℃에서는 부드러운 젤리를 형성한다. 이때 응고는 주로 트랜스페린으로 인한 것이며, 80℃가 넘으면 알부민에 의한 응고가 시작된다. 알부민이 굳어지면 좀 더 단단한 흰자가 만들어진다. 난황의 단백질은 68℃에서 진해지기 시작하며, 70℃에서 응고된다. 난황과 난백을 섞어서 함께 가열하면 73℃는 되어야 굳기 시작한다.

2) 커스터드성

계란에 우유나 크림, 설탕, 산 등 다른 식재료를 넣고 열을 가하면 계란만 물이나 기름에 가열한 것과는 전적으로 다른 진하고 매끄러운 소스의 질감을 얻을 수 있다. 홀랜다이즈 소스, 자바이오네 소스, 커스터드 크림, 푸딩 등의 많은 소스와

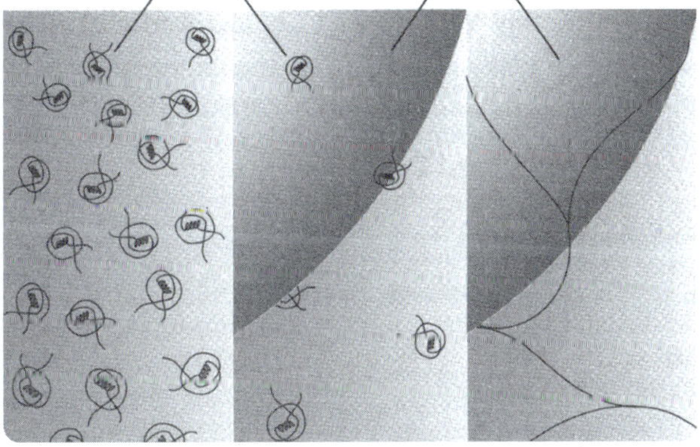

휘핑에 의한 난황의 단백질 변성과 커스터드성

출처: Harold McGee(2004).

자바이오네 소스를 곁들인 초콜릿무스

요리는 지방과 설탕, 산이 있을 때 계란 단백질의 응고성이 변하는 특성을 이용한 것이다. 지방이 있을 때 계란의 단백질이 부드럽게 지방을 감싸면서 농도가 진해지는 것을 커스터드성이라고 한다.

난황의 단백질이 서로 부드럽게 엉기는 커스터드가 만들어지기 위해서는 단백질 입자가 선형으로 풀어질 정도의 충분한 열이 가해져야 한다. 지나치게 온도가 올라가면 단백질 입자의 엉킴으로 인하여 지방 또는 수분이 분리된다. 양식에서 수프나 소스를 만들 때(예 : 감자크림수프나 이탈리아식 카르보나라 파스타 등) 매끄러운 질감을 증가시키고 풍부한 맛을 주기 위하여 난황을 첨가해 줄 때 아주 서서히 온도를 높여야만 소기의 목적을 달성하고 분리되지 않는다.

계란 난황의 단백질을 응고시킬 때 첨가하는 첨가물의 종류와 정도에 따라 단백질이 선형으로 풀리는 데 필요한 열이 달라지고 그 결과 만들어진 조리물의 응고 질감도 달라지게 된다.

(1) 커스터드 소스와 에그타르트

아무것도 첨가하지 않은 난황에 물을 더하여 온도를 올리면 70℃에서 되직해지기 시작하고 이때 난황이 포집할 수 있는 물의 양은 3~4배 정도이다. 이 이상의 물은 온도를 가하면 계란의 젤을 벗어나 이액이 일어난다. 그러나 설탕과 우유가 들어간 경우 78~80℃가 되어야 계란의 단백질이 선형으로 변성이 일어나며, 농도가 진해지기 시작한다. 이때 유지방이 있으면 약 18~20배의 수분을 포집할 수 있게 되어 훨씬 섬세한 질감으로 응고한다.

계란 노른자에 들어간 설탕은 단백질 주위를 수만 개의 설탕 분자가 코팅하는 효과를 가져오게 되어 열을 받아도 쉽게 단백질의 변성이 일어나지 않으며, 점성을 가진 소스로 부드럽게 엉긴다. 여기에 약간의 전분을 첨가하면 커스터드 소스의 구조를 안정화시켜서 볼륨감이 올라온 페이스트리 소스를 만들 수 있다.

커스터드 크림을 채운 디저트

에그타르트

(2) 계란찜과 자왕무시, 커스터드 푸딩과 크렘뷸레

커스터드 푸딩

한식의 계란찜과 일본의 자왕무시, 서양요리의 커스터드 푸딩은 동일하게 계란의 응고성을 이용한 요리이지만 첨가물에 따라 질감이 다르다. 물 대신 지방의 양이 많을수록 질감은 더욱 부드러워진다. 자왕무시의 경우 육수의 염분이 계란찜의 질감을 무느럽게 만든다. 커스터드 푸딩이 자왕무시나 계란찜보다 더 부드러운 이유는 우유의 지방이 계란 단백질이 서로 엉겨서 응고되는 것을 막기 때문이다. 우유 대신 지방의 함량이 높은 크림을 넣으면 크렘뷸레가 되는데 커스터드 푸딩은 용기에서 떼어 내어도 무너지지 않고 서 있을 정도로 구조가 단단해지는 반면 크렘뷸레는 프리스텐딩이 안되는 정도로 연하여 꼭 크렘뷸레 그릇에 담겨 나온다.

(3) 레몬커드와 자바이오네

타르타르산이나 레몬즙, 와인, 과일 주스 등 계란에 산도를 낮추는 첨가물은 난황 단백질이 부드럽게 결합하는 것을 도와주는 반면 엉기는 것은 막아서 조리물이 단단해지는 것을 막는 효과가 있다. 산의 이온이 계란 단백질을 둘러싸서 서로 밀쳐 내는 것을 막아줌으로써 더 낮은 온도에서 변성시키기 시작하지만 온도가 높아져도 단백질끼리 서로 엉킴이 생기는 것을 방해하기 때문이다. 예를 들어, 자바이오네 소스처럼 와인과 설탕을 첨가해 준 계란 요리나 레몬커드(lemon curd)와 같은 고전적인 계란 디저트에서 와인과 레몬의 산은 난황의 단백질이 낮은 온도에서 더욱 부드럽게 젤을 만드는 효과가 있다.

(4) 치즈케이크, 크림파이

치즈케이크는 계란이 리코타 치즈나 크림치즈, 사워크림 등과 함께 가열함으로써 진하고 부드럽게 굳어진 커스터드의 일종이다. 계란 내의 단백질은 치즈의 단백질과 지방의 도움으로 매끄러운 질감을 가지며, 응고되기 위해서는 일반 커스터드보다 조리온도 조절이 더욱 중요한 요소가 된다. 치즈케이크의 온도 변화가 급격하면 치즈케이크 내용물이 가열하는 동안 부풀어 올랐다 가라앉으면서 균열이 생기게 되므로 성공적으로 치즈케이크를 굽기 위해서는 먼저 내용물을 섞을 때 공기가 들어가지 않도록 치즈와 계란을 풀어 천천히 섞어 주어야 한다. 이어서 수조를 이용하여 낮은 온도의 오븐에서 조리를 하되 오버쿠킹하지 않도록 온도를 맞추고 마지막으로 상온에서 천천히 식혀야 한다. 온도가 급격히 변화하면 젤 내부의 빠져나가지 못한 공기가 급히 응축되면서 치즈케이크의 겉면에 균열을 일으키고 많이 가라앉게 되어 질감이 무거운 치즈케이크가 만들어진다.

3) 거품성

열을 가하였을 때 생기는 계란의 변화가 응고라면 계란을 물리적으로 교반하였을 때 생기는 변화는 거품을 일으키는 것이다. 계란 흰자의 글로불린과 트랜스페린 단백질은 휘핑기의 물리적인 충격에 의해 구형에서 선형으로 변성이 생긴다. 동시에 공기가 난백의 수분과 섞이면서 잘게 쪼개지면 선형 단백질이 공기를 포집하여 하얗게 거품이 일어난다. 이렇게 만들어진 머랭은 연약하여 시간이 지나면 공기 방울이 합쳐지면서 물이 분리되어 다시 원상으로 돌아가게 된다. 공기를 머금은 채 머랭이 유지되려면 다량의 설탕을 첨가해 주거나 저온으로 구워서 흰자의 거품을 고형화시킬 수 있다. 거품을 과하게 오래 치면 길게 늘어진 단백질의 분자들이 끊어지면서 포집된 공기를 잃어버리고 물이 분리되는 이연 현상이 나타난다.

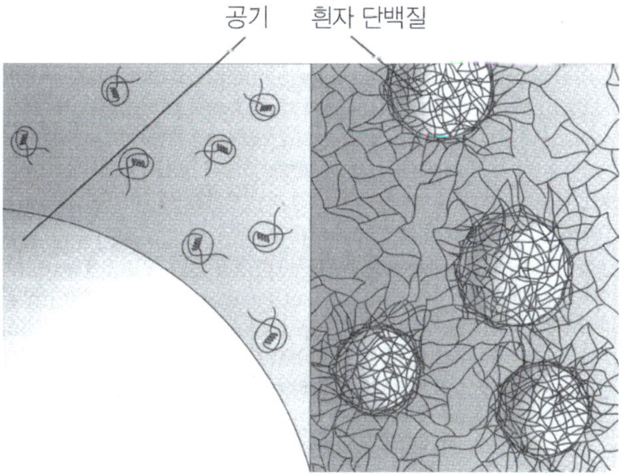

휘핑에 의한 난백 알부민의 변성과 거품성

출처: Harold McGee(2004).

(1) 거품의 형성을 도와주는 환경과 물질

은이나 구리 등의 금속 용기에서 난백을 휘핑하면 금속이 계란 흰자의 황과 매우 단단하게 결합하여 풀어진 선형 단백질끼리 뭉치는 것을 방지하게 된다. 그 결과 만들어지는 머랭은 매우 반짝이고 치밀한 거품으로 과거 프랑스 왕실 요리사들의 사랑을 받아 왔다. 그러나 더 이상 은이나 구리 조리 용기를 사용하지 않는 현대의 산업용 주방에서는 이런 원리를 이용하여 스테인리스볼에 영양강화제용 철분을 조금 섞어 줌으로써 질이 좋고 매끄러운 거품을 만들고 있다.

난백의 거품을 안정되게 만드는 다른 방법은 휘스퍼로 난백을 치기 전에 산을 넣어 주는 것이다. 소량의 레몬즙이나 타르타르산은 금속이온과 같은 역할을 하여 선형 단백질이 서로 뭉치는 것을 방지함으로써 거품이 쉽게 꺼지지 않고 단단하게 일어나게 한다.

신선한 계란은 농후난백의 알부민이 많고 단단하게 말려 있어서 만들어진 거품의 분량이 작고 거품을 일으키는 데 시간이 더 든다. 또한, 흰자의 거품이 잘 나기 위해서는 냉장보관한 계란보다는 상온에서 보관한 계란이 더 부드럽고 풍성한 거품을 만들 수 있다.

거품을 만드는 알부민 단백질의 구조는 매우 안정하기 때문에 흰자를 냉동하였다가 해동하거나 건조분말을 만들어도 거품을 낼 수 있다. 제과 업장에서 흔히 사용하는 머랭 파우더는 계란의 흰자를 냉동건조시켜 만든 분말난백으로 여기에 거품의 안정성을 위해 설탕과 검물질을 첨가한 것이다.

(2) 거품 형성을 방해하는 물질

거품을 치는 볼에 버터, 오일, 난황이 한 방울이라도 남아 있으면 흰자를 아무리 세게, 오래 쳐도 거품이 생기지 않는다. 이는 지방이 공기와 물의 경계선에서 공기를 포집하려는 단백질보다 더 강하게 끼어듦으로써 공기 방울이 만들어지지 못하기 때문이다. 지방은 물의 표면 장력을 줄여 주어 공기가 물에 녹아 버리게 만든다. 그래서 계란 노른자나 버터, 식용유를 흰자를 거품 낸 머랭에 섞으려면 휘핑 이후 체를 친 밀가루 등을 넣어 구조적인 막을 세운 뒤 재빨리 섞어 주어야 한다.

설탕은 난백의 거품을 안정하게 만들어 주지만 처음부터 설탕을 넣고 치면 거품이 잘 일어나지 않는다. 이는 설탕이 난백의 구형 단백질을 둘러싸서 구조를 안정화시키기에 거품이 포집될 수 있도록 선형으로 풀어지는 것을 막기 때문이다. 반면, 일단 선형으로 변성된 단백질에 설탕을 첨가해 주면 선형 단백질을 안정화시켜서 거품이 오래 유지되도록 만들어 주는 역할을 한다. 머랭파이나 머랭쿠키 등을 만들 때 먼저 거품을 올린 후에 설탕을 나누어 섞어 주는 이유이다.

밀가루 등의 도움 없이 계란의 거품만으로 부풀린 수플레는 난이도가 큰 디저트로 온도가 중요하다. 수플레를 구울 때 오븐에 차가운 공기가 들어가거나 충격을 주는 등 흔들리면 수플레는 부풀다 말고 가라앉게 된다.

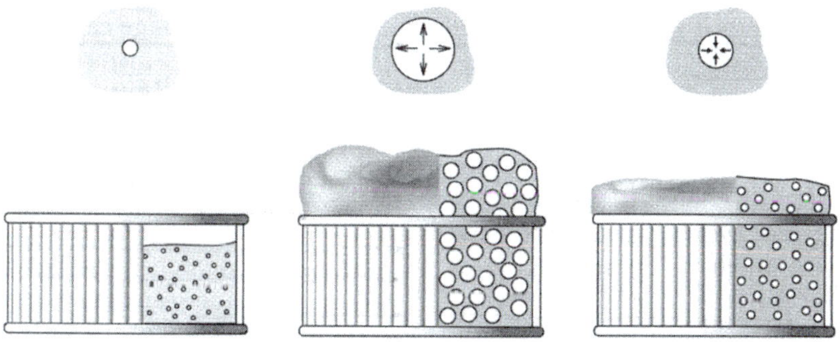

수플레의 볼륨과 공기 방울 모양

출처: Harold McGee(2004).

(3) 머랭의 종류

❶ 프렌치 머랭(French Meringue)

상온의 계란 흰자를 휘핑하다가 설탕을 나누어 넣어 주면서 단단하게 거품을 내는 방식으로 가장 흔하게 머랭을 만드는 방법이다. 거품을 안정화시키기 위하여 타르타르산을 넣어 주는 경우가 많다. 볼을 뒤집어 떨어지지 않을 정도로 뾰족한 뿔이 서면 완성된 것이다. 생계란을 사용하므로 수플레나 스펀지케이크, 쉬폰케이크, 마카롱 등 굽는 제과품에 주로 사용된다.

프렌치 머랭에 아몬드 가루를 넣어 구운 마카롱

❷ 스위스 머랭(Swiss Meringue)

스위스 머랭쿠키

계란 흰자와 설탕을 먼저 중탕하여 설탕을 완전히 녹인 후 팽팽한 정도가 될 때까지 중간 속도로 거품을 내어 만드는 머랭으로 케이크 장식용 버터크림을 만들 때 주로 사용하는 방식이다. 머랭에 색소나 에센스를 넣어 만드는 머랭 쿠키는 밀가루가 들어가지 않는 쿠키인데 스위스 머랭으로 만든다. 흔히 프렌치 머랭으로 만드는 마카롱 과자도 스위스 머랭으로 만들면 질감이 달라 더 쫀득한 질감을 느낄 수 있다.

❸ 이탈리안 머랭(Italian Meringue)

이탈리안 머랭

거품을 중간 정도까지 낸 계란 흰자에 115~118℃에서 끓인 설탕 시럽을 가늘게 흘려 조금씩 넣어 주면서 단단하게 거품을 낸 것이다. 휘핑 과정에서 계란 흰자의 알부민 단백질이 뜨거운 시럽에 의해 변성되면서 응고되기 때문에 기포가 치밀하면서도 반짝이며 윤기가 도는 머랭이 만들어진다. 계란이 뜨거운 시럽으로 살균 처리가 이탈리안 머랭으로 만든 디저트는 가열할 필요가 없다. 따라서 주로 무스나 바바리안 크림, 셔벗 등의 차가운 디저트용에 많이 사용된다.

4) 유화성

난황은 기름과 물처럼 섞이지 않는 두 액상을 섞어 줄 때 자주 사용하는 식재료이다. 난황 속의 레시틴이라는 인지질은 구조적으로 물과 친한 분자와 기름과 친한 긴 꼬리를 같이 가지고 있는 물질이어서 물과 기름 모두에 잘 어울린다. 난황은 이러한 성질을 이용하여 마요네즈나 홀랜다이즈 같은 소스에서 물과 기름을 섞어주는 유화제 역할을 한다. 상업용 소스에서는 난황보다는 레시틴만을 추출하여 사용하는 경우가 많다.

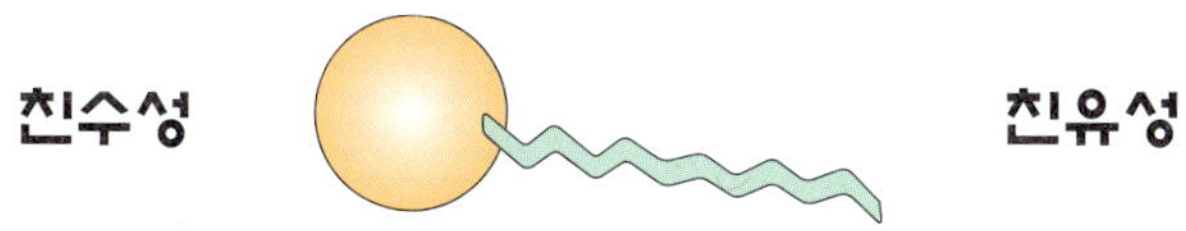

레시틴의 분자구조

홀렌디이즈 소스를 얹은 에그베네딕트

감각평가: 스펙트럼 묘사분석

- 목적: 계란의 응고 온도에 따른 색과 질감 변화를 묘사해 보자.
- 준비물: 계란 1인 1개(조별 6개), 수비드 기계, 작은 개인 접시 6개, 곁들일 소스 3가지(토마토 소스, 폰즈 소스, 잣즙 소스)
- 결과: 시간별 계란의 형태와 질감
- 토론:

chapter

09

우유의 조리

- 지방과 질감 특성

1. 지방의 질감과 지방산 종류

식용유라고 해도 그 기름을 구성하고 있는 지방산의 종류와 포화도에 따라 다른 조리 질감이 난다.

1) 지방의 질감

지방의 질감은 지방산의 조성에 따라 달라진다. 올리브유, 대두유, 참기름, 들기름, 쇠기름, 돼지기름(라아드) 등 기름마다 퍼짐성(코팅성), 침에 녹는 수용성, 무게감이 다르고 유화성도 다르다. 생으로 먹었을 때 혀에서 닿는 질감이 다를 뿐만 아니라 열을 받았을 때 조리 질감(그 지방이 들어간 음식이 바삭해지는지, 녹진해지는지 등)도 달라진다. 지방산의 길이가 짧을수록, 포화도가 높을수록 단위면적에 빼곡히 쌓일 수 있어 기름의 유동성이 낮고 상온에서 굳기름이 된다. 지방산의 조성에 따라 잣기름, 호두유, 들기름 올리브유, 참기름 등 불포화도가 높은 식물유

대두유

옥수수기름

올리브유

카놀라유

지는 오래 보관하면 산화가 쉽게 되어 점도가 높아지며 질감이 무거워진다. 또한, 산화 분해 산물이 많고 특유한 냄새가 있어서 튀김 등 고온조리의 사용에는 적당하지 않다. 지방은 크게 상온에서 고체인 지(쇠기름, 돼지기름, 쇼트닝 등)와 상온에서 액체인 유(대두유, 옥수수유, 카놀라유 등)로 나누어진다.

2) 지방이 음식물에 함유된 상태에 따른 질감 차이

동일한 지방이라 해도 지방이 음식물에 함유된 상태에 따라 질감 차이가 있다. 특히, 식품 내 지방 또는 넣어 준 지방이 탄수화물이나 단백질 등의 다른 식품 구조 성분과 어떻게 섞여 있는지에 따라 유화상과 산포상(또는 켜상), 코팅상으로 존재할 수 있다.

- 유화상(버터, 크림, 소스류) : 유화액은 지방이 물과 잘 섞인 유화된 상태로 존재하여 매끄럽고 부드러운 질감을 준다.
- 지방이 단백질이나 녹말 사이에 산포(마블링육, 페이스트리 도우) : 지방이 섞이지 않고 켜를 이루거나 근육층 사이 사이에 분산되어 존재하는 경우이다. 이런 식품은 고온조리로 지방이 녹을 경우 원래 조직을 이루는 구조물의 성격을(딱딱한 근육층을 부드럽게, 질긴 반죽을 바삭하게) 바꾸게 된다.
- 지방으로 코팅된 조리(기름장, 또는 튀김) : 지방이 코팅한 조리의 경우에는 혀에 닿는 지방의 원래 맛과 성격을 최대로 끌어올리므로 사용된 지방의 향미가 중시된다.

3) 유화

유화란, 물과 기름처럼 섞이기 어려운 두 액상이 균일하게 섞이는 현상이다.

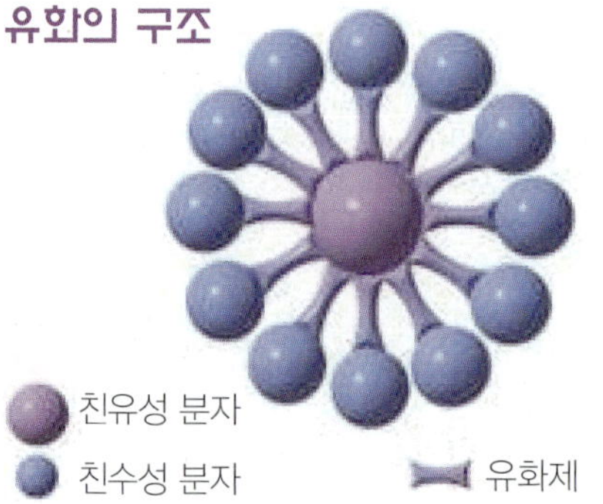

레시틴이 기름 분자를 물에 녹이는 모형

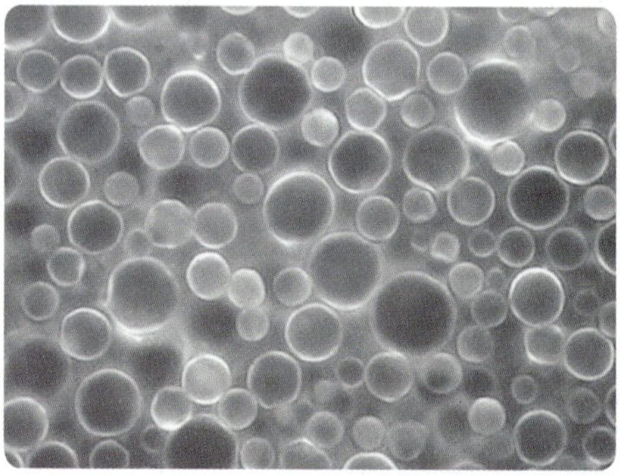

우유의 현미경 사진(4,200배)

우유는 수용액에 기름 방울(지방과립)이 분산된 유화 상태로 지방과립의 크기는 대체로 3~50이다. 우유가 이런 상태로 안정하게 존재할 수 있는 건 천연유화제인 인지질과 단백질 덕분이다.

출처 : The Weston A. Price Foundation.

(1) 유화액의 종류

❶ 일시적 유화액

프렌치드레싱과 같이 섞어 주는 당시에만 섞이다가 시간이 지나면 분리가 된다.

비니그렛

프렌치드레싱

❷ 영구적 유화액

시간이 지나도 유화가 분리되지 않는다. 그 이유는 유화를 유지시켜 주는 유화제가 존재하기 때문이다. 지방과 수분의 상대적인 비율에 따라 두 가지 형태의 영구적 유화액이 있다.

- 수중유적형(Oil in Water) : 마요네즈, 홀랜다이즈, 생크림, 로션 등과 같이 물의 비율이 높은 유화액으로 가볍고 부드러운 질감이 특성이다.

수중유적형 크림

우유

- 유중수적형(Water in Oil) : 버터, 왁스 등 지방이 높은 비율로 있는데 수분이 산포된 형태의 유화액으로 질감이 두꺼우며 진하다.

홀랜다이즈 소스

버터

(2) 유화제

유화제란, 물과 기름의 성질을 모두 가진 물질로 영구적인 유화액을 만드는 데 꼭 필요하다(8장 레시틴의 구조 참고). 대표적인 천연유화제로는 노른자와 콩에 든 레시틴(인지질), 우유의 카제인 단백질 등이 있다.

유화제가 들어가면 음식의 질감이 더 부드럽고 폭신해지며, 매끄러워진다. 유화제는 서양조리나 제과에서 많이 이용되는데 식품첨가물로 레시틴 등을 넣어 주면 빵의 탄력성이 좋아지고 케이크가 부드럽게 된다. 또한, 식물성 생크림이나 마요네즈 등 다양한 소스류에서 액상이 분리되는 것을 막고 부피감이 오래 유지되게 만들며, 초콜릿이나 캐러멜, 캔디 등에서는 광택과 촉감이 좋아지는 등 조리 질감을 우수하게 만드는 역할을 한다.

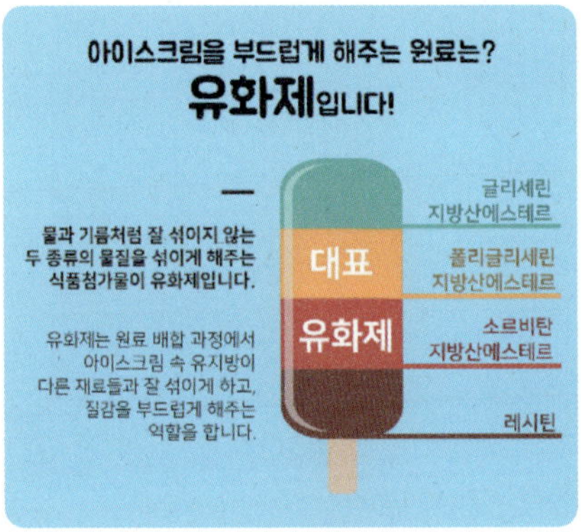

유화제의 역할

출처: 식품의약품안전처.

레시틴과 같은 천연유화제 외에도 짧은 지방산을 이용한 인공유화제도 많이 사용되며, 지방산 외에도 글리세린 등이 사용된다.

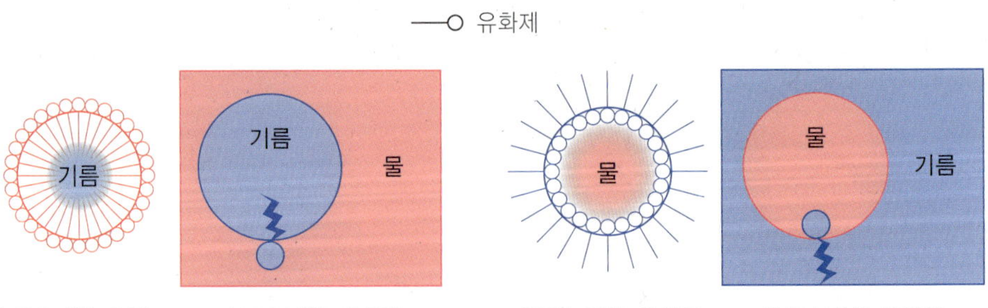

유화액의 종류와 구성

2. 우유의 조리

1) 원유의 성분

성분	평균 함유량(%)	특징
수분	85.7	수용성 비타민이 녹아 있다.
지방	3.9	수중유적형 유화 상태
단백질	3.4	카제인 단백질로 응고 시 치즈가 된다.
유당	4.8	미세한 단맛이 난다.
무기질(칼슘)	0.8	

2) 원유에서 우유로

소에서 착즙한 원유는 1차 가공을 통해 우유로 바뀌면서 단백질과 지방의 구조 변화가 일어난다. 두 가지 가공 처리가 일어나는데 균질화와 가열살균을 동시에 진행한다.

- 균질화(Homogination) : 덩어리로 뭉쳐 있거나 표면에 떠오른 지방구를 분쇄하여 유화시키면서 지방이 균일하게 우유 속에 산포되도록 만든다.
- 가열살균 : 소독을 위해 가열처리할 때 우유 내 카제인 단백질이 변성된다.
  - 저온 가열살균(파스퇴라이즈 우유) : 62℃에서 30분
  - 고온 가열살균(HTHT 우유) : 72℃에서 15초
  - 초고온 가열살균(UHT 우유) : 120℃에서 2초

3) 생크림의 생산

균질화하지 않은 원유에서 생크림이 나온다.

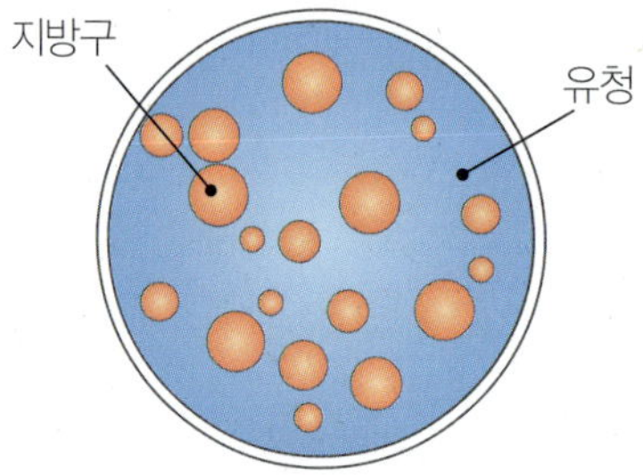

원유의 지방구 모습

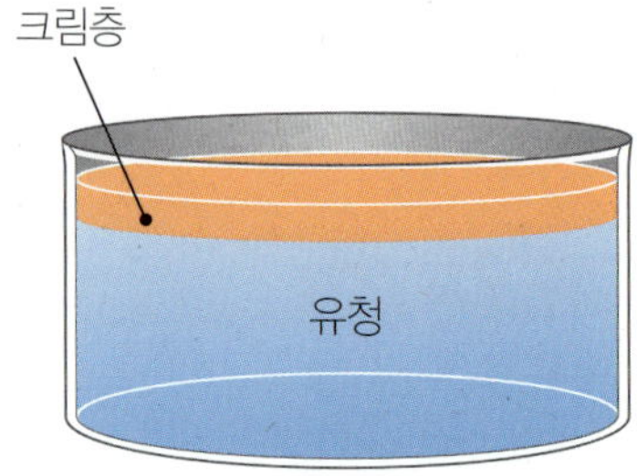

생크림의 생성

소에서 짠 원유를 그대로 두면 지방이 위로 떠올라서 크림층을 이룬다.

생크림의 종류

구분	일본	프랑스	영국	미국
커피 음료용	• 18~30% 커피용 크림	• 12~30% 크렘 레제	• 12% 하프 크림 • 18% 싱글 크림	• 18~30% 라이트 크림
휘핑용 (리퀴드)	• 35~48% 휘핑용 생크림	• 30~40% 크렘 플뢰트 크림 에빼스	• 35% 휩 크림	• 30~36% 라이트 휩크림
휘핑용 (하드)		• 40% 이상 크렘 더블	• 48% 이상 더블 크림 • 55% 이상 클로티드 크림	• 36% 이상 헤비 크림

(1) 우리나라의 생크림과 휘핑크림

- 생크림 : 원유에서 분리한 크림
- 휘핑크림 : 식물성 오일을 가공해 만든 크림으로 유화안정제가 들어 있어 유화가 깨지지 않는다.

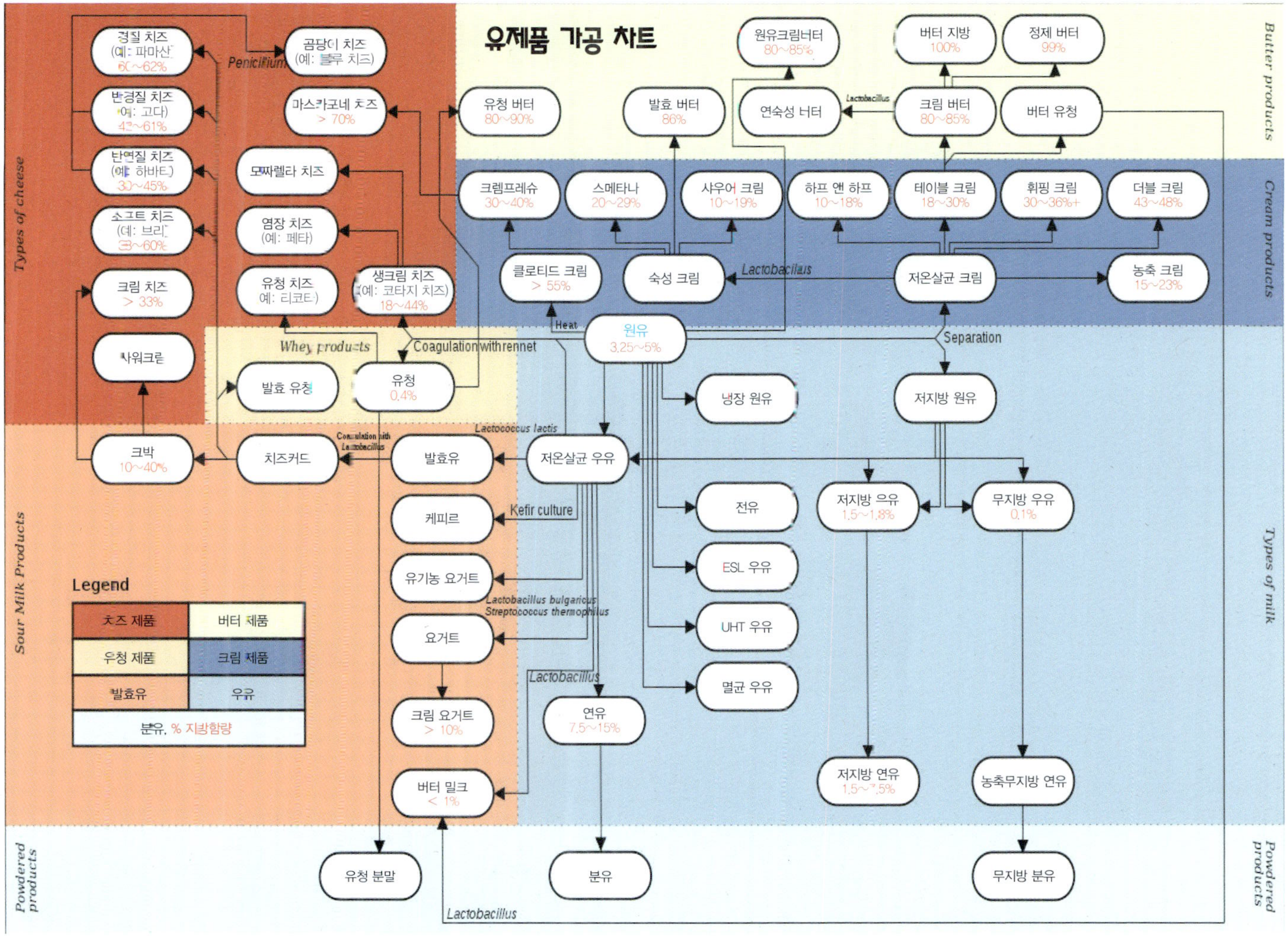
유제품 가공 차트
Butter products
Cream products
Types of milk
Powdered products
Types of cheese
Sour Milk Products
Whey products
경질 치즈 (예: 파마산) 60~62%
곰팡이 치즈 (예: 블루 치즈)
Penicillium
반경질 치즈 (예: 고다) 42~61%
마스카르포네 치즈 > 70%
반연질 치즈 (예: 하바티) 30~45%
모짜렐라 치즈
소프트 치즈 (예: 브리) 33~60%
염장 치즈 (예: 페타)
크림 치즈 > 33%
유청 치즈 (예: 리코타)
생크림 치즈 (예: 코타지 치즈) 18~44%
사워크림
발효 유청
유청 0.4%
Coagulation with rennet
크박 10~40%
치즈커드
Coagulation with Lactobacillus
발효유
Lactococcus lactis
저온살균 우유
케피르
Kefir culture
유기농 요거트
Lactobacillus bulgaricus
Streptococcus thermophilus
요거트
크림 요거트 > 10%
버터 밀크 < 1%
Lactobacillus
연유 7.5~15%
유청 분말
분유
무지방 분유
유청 버터 80~90%
발효 버터 86%
원유크림버터 80~85%
연숙성 버터
Lactobacillus
버터 지방 100%
정제 버터 99%
크림 버터 80~85%
버터 유청
크렘프레슈 30~40%
스메타나 20~29%
사우어 크림 10~19%
하프 앤 하프 10~18%
테이블 크림 18~30%
휘핑 크림 30~36%+
더블 크림 43~48%
클로티드 크림 > 55%
숙성 크림
Lactobacillus
저온살균 크림
농축 크림 15~23%
Heat
원유 3.25~5%
Separation
냉장 원유
저지방 원유
전유
ESL 우유
UHT 우유
멸균 우유
저지방 우유 1.5~1.8%
무지방 우유 0.1%
저지방 연유
농축무지방 연유
Legend
치즈 제품
버터 제품
유청 제품
크림 제품
발효유
우유
분유, % 지방함량

원유의 가공처리

4) 우유에서 치즈로: 단백질의 변성

- 우유에는 둥글게 생긴 카제인 단백질이 지방과 칼슘과 함께 산포되어 있다(우유의 흰색).
- 우유에 산이나 레닌을 첨가하면 카제인이 서로 엉기면서 치즈를 만든다.

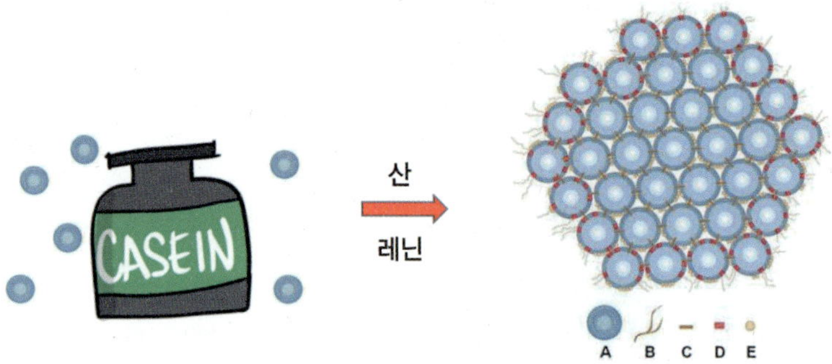

(1) 요구르트, 치즈 그리고 마스카포네와 모짜렐라

- 우유의 산처리로 단백질 변성: 요구르트, 리코타 치즈
- 우유의 효소처리로 단백질 변성: 모짜렐라 치즈
- 크림의 산처리로 단백질 변성: 크림치즈

(2) 치즈를 만들 수 없는 우유? vs. 있는 우유?

① 파스퇴르 우유 vs. UHT 우유

② 호모지나이즈 우유 vs 언호모지나이즈 우유

③ 저지방 우유/ 무지방 우유 vs 일반 우유 또는 크림 우유

④ 분유 vs 원유

: 카제인은 다당류와 결합하여 응유효소(凝乳酵素) 레닌(Rennin)과 반응하면 카제인 전체가 파라카제인(Paracasein)이라는 변성단백질의 복합체가 된다. 가열처리한 우유는 카제인이 변성되어 파라카제인이 만들어지지 않는다.

5) 버터

버터는 수분 사이에 유지방이 있는 것이 아니라 유지방 사이에 수분이 분산되어 존재하는 유화액이다.

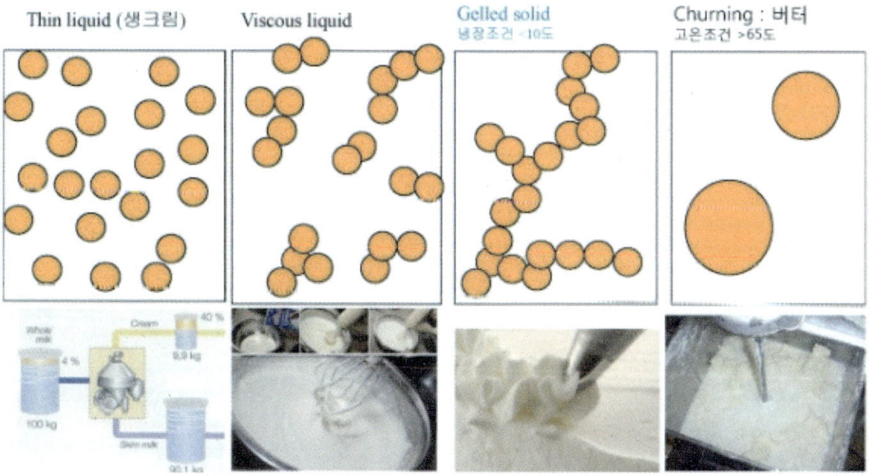

해유화(解乳化, de-emulsification, Gelled solid)의 목적

유크림을 냉장 후 강하게 오래 휘핑하면 오랫동안 형태를 유지할 수 있는 부드러운 젤이 된다.
이후 계속 휘핑하거나 고온(65℃ 이상)에서 휘핑하면 버터(churning)가 된다.

감각평가: 이점 비교

- 목적: 버터 만드는 법을 실습하고 크림 종류에 따른 버터의 질감 차이를 평가해 보자.

- 준비물: 생크림/식물성 크림, 소금, 타르타르산, 바게트빵, 스푼, 각종 허브파우더

- 결과:

- 토론: 1) 식물성 크림과 생크림으로 만든 버터의 맛 차이
  2) 식물성 크림과 생크림으로 만든 버터의 질감 차이

chapter 10

채소의 조리

- 산화와 숙성

식품의 색은 매력적이고 맛있어 보이는 외관을 제공함으로써 조리의 중요한 요소가 된다. 전통적으로 식품의 붉은색 계열과 노란색 계열은 식욕을 증가시키고 맛에 대한 기대를 높이는 데 비해 자주색과 청색 계열은 맛 감수성을 떨어뜨리는 것으로 알려져 있다. 그러나 최근에는 음식 내 다양한 색을 팔레트처럼 조합하여 배치함으로써 예술성이 높은 조리 작품을 만드는 경향도 있어 식품의 색소와 조리 시 변화를 잘 관찰하여야 한다.

식품 내 색을 주는 색소는 크게 동물성 색소와 식물성 색소로 나눌 수 있다. 식품의 천연색소는 조리온도, 산도, 기계적 조작 등에 의하여 변화한다. 음식의 색은 매력적이고 맛있어 보이는 외관을 제공하는 것에서 벗어나 적정한 온도에서 캐러멜 반응이나 메일라드 반응처럼 향기의 변화를 유도하기도 하고 천연색소만이 가진 항산화 물질과 영양 성분이 강조됨으로써 현대의 조리에 중요한 역할을 한다.

1. 채소의 색 변화

과일과 채소는 아름다운 색과 독특한 맛, 그리고 향기 성분으로 조리의 변화를 준다. 단맛과 신맛이 나는 맛 성분과 더불어 다양한 원재료의 질감으로 인하여 열을 가하였을 때 조리 질감이 변하지만 저장과 숙성 시에도 변화가 크다.

채소의 향의 변화는 주로 가열에 의한 캐러멜 반응 및 갈색화 반응으로 일어난다. 그러나 여러 재료를 섞어서 조리하였을 때 각각의 식품이 가진 향과 맛이 섞이면서 시간이 지나면 다른 맛과 향이 만들어진다. 특히, 과일이나 채소는 시간에 따라 예민한 변화가 생긴다. 껍질을 깐 과일이나 썰어 놓은 양배추는 시간이 지나면서 서서히 갈색으로 변화하고 또 고유한 향이 변하는 현상은 주방에서 자주 목격할 수 있다. 이런 변화는 열이 없어도 일어나며, 주로 공기 중의 산소에 의한 산화 및 세포 내 산화효소의 활성과 미생물의 발효와 관계되어 있다.

채소를 썰거나 다듬을 때 세포벽이 깨지면서 세포 내 향기물질이 배출되고 식물 본연의 강한 향이 퍼져 나온다. 갈거나 다져진 식물세포 내의 색소와 향기물질은 열과 산, 알칼리, 건조 등의 조리 조작으로 공기 중 산소와 접촉하게 되고 또 세포 내에 격리되어 있던 산화효소들의 작용이 더해지면서 다양하게 변화한다. 나아가 식물의 색소는 같이 조리되는 식품에 들어 있는 산, 알칼리, 금속이온 등으로 인해 색과 향이 변화한다.

과일과 채소는 매우 다양한 색소를 가지고 있다. 각종 엽채류에는 초록색을 내는 클로로필이 있고 당근, 고구마, 호박, 옥수수, 토마토 등에서 두루 보이는 카로티노이드는 노란색부터 주황색, 붉은색을 나타내는 지용성 색소이다. 플라보노이드류는 보라색이나 적색을 나타내는 안토시아닌과 백색 또는 황색을 띠는 안토잔틴이 있는데 물에 녹는 색소이다.

식물의 붉은색, 초록색, 황색, 백색, 자주색 등의 다양한 색소 성분을 파이토케미칼(phytochemical)이라고 한다. 파이토케미칼은 단순히 음식의 색감만 드러내는 것이 아니라 여러 가지 중요한 생물 기능성을 가지고 있어 "보기 좋은 음식이 몸에도 좋다"라는 과학적 근거를 제공한다. 파이토케미칼은 매우 연약하고 섬세한 구조를 가져 예리한 칼로 다진 것과 믹서나 강판 등으로 갈은 것도 다른 변화를 가져온다.

1) 클로로필의 변화

클로로필은 가열, 산, 염기성, 건조 등에 의해 색이 변화한다. 대표적으로 김치를 만들 때 배추의 푸른 잎은 발효가 진행되면서 녹황색으로 변화하며, 오이피클과 장아찌는 시간이 지나면서 황색으로 변한다. 이는 배추와 오이의 초록색 클로로필이 산에 의해 색이 변화하기 때문이다. 바질과 같은 연한 잎은 소스를 만들기 위해 갈거나 냉장고에서 냉해를 받으면 초록색이 갈색으로 변화한다.

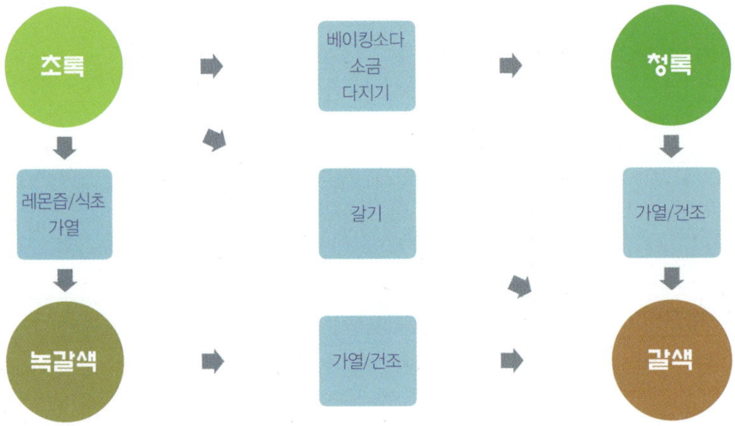

클로로필의 조리 시 변화

식초에 의한 변화

중조에 의한 변화

시금치의 클로로필 조리 시 색 변화

출처: 김주현 · 김영희 · 신승미 외(2012).

2) 카로티노이드의 변화

식물의 노란색, 주황색, 빨간색을 나타내는 지용성 색소인 카로티노이드는 레몬이나 오랜지 등의 감귤류와 호박, 옥수수, 토마토, 파프리카 등에 많이 들어 있고 특유의 색을 준다. 카로티노이드가 들어간 가열에는 비교적 안정하여 가열 시 색이 잘 변화하지 않으나 오일에 장시간 가열 시에는 선명한 색이 옅어진다. 산이나 베이킹소다와 같은 알칼리와 접촉 시에는 갈색으로 변화한다.

카로티노이드의 다양한 색깔

3) 안토시아닌의 변화

딸기, 산딸기 등의 베리류와 자두 등의 선명한 붉은색이나 가지, 적색 양배추, 포도의 보라색 색소인 안토시아닌은 물에 잘 녹는 수용성 성분으로 조리 과정에서 매우 불안정하다. 특히, 산과 알칼리에 예민하게 반응하여 색을 변화시킨다. 안토시아닌이 든 식품은 조리수의 산도를 잘 맞추면 선명하고 아름다운 색을 내는 반면 저장 중 산도가 달라지면서 탁한 청색 또는 검은색으로 변화하여 식욕을 떨어뜨리는 경우가 있다. 안토시아닌이 든 베리류는 가열하면 밝은 갈색으로 변하며, 구리나 철, 알루미늄 등의 금속과 안토시아닌이 든 식품이 장기간 접촉하면 천연의 안토시아닌 색소가 금속과 반응하여 청색이 고정되거나 산화하여 녹색으로 변하는 경우도 많다. 과거에는 안토시아닌이 든 과채로 피클을 만들 때 동전을 하나 넣어 두면 피클이 된 채소의 선명한 색이 보전된다는 민간의 조리 비방이 있었으며, 상용 피클에도 색을 선명하게 유지하기 위하여 금속이온을 사용하는 경우가 있었다. 그러나 유해한 중금속이 녹아 나오므로 지금은 첨가가 금지된 방법이다.

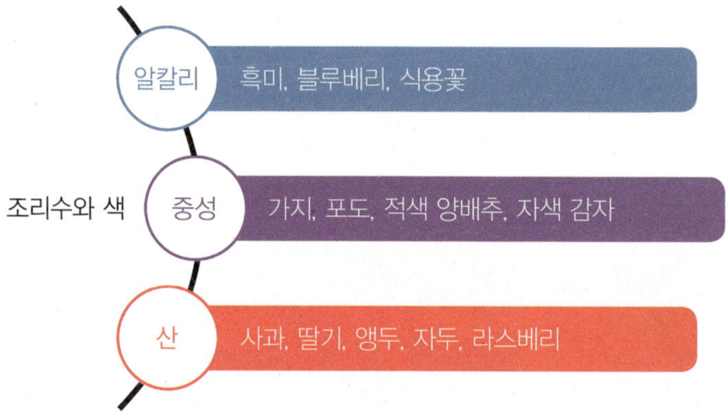

안토시아닌의 조리수와 색 변화

레몬 첨가 / 베이킹소다 첨가 / 소금 첨가

적색 양배추의 안토시아닌 조리 시 색 변화

출처 : 김주현 · 김영희 · 신승미 외(2012).

4) 플라보노이드의 변화

식품에 흰색을 주는 플라보노이드 색소도 있다. 무, 양파, 연근, 감자, 우엉, 배추 줄기, 밀가루 등에서 백색 또는 엷은 황색을 주는 성분이다. 플라보노이드는 넓은 의미의 색소군으로 플라본과 이소플라본, 안토잔틴 등을 총칭하는 화합물이다. 플라보노이드 색소는 산에서는 선명한 백색을 띠고 알칼리성에서는 황색으로 변한다. 플라보노이드 색소는 열에 안정하지만 황색으로 변하여 감자나 고구마 등을 찌면 황색이 더 진해지는 것을 관찰할 수 있다. 또한, 양배추나 연근을 자를 때 무쇠 칼 등에 닿은 부분이 검은색으로 변하는 것은 플라보노이드 색소가 금속과 반응하여 산화하기 때문에 나타나는 변화이다.

플라보노이드 색소의 조리 시 변화

중조에 의한 변화

가열에 의한 변화

양파의 안토잔틴 색 변화

출처: 김주현 · 김영희 · 신승미 외(2012).

2. 채소의 향과 조리 시 변화

오이, 당근, 쑥갓, 완두콩 등의 채소는 고유한 유기산과 알코올, 케톤 성분이 섞여 있어 저마다의 독특한 향기를 낸다. 많은 식물의 향기 성분은 세포벽이 파쇄된 후 시간이 지나면서 향의 변화가 빠르게 진행된다. 이는 향의 원인이 되는 화학물질들이 파쇄 과정에서 세포 내 소기관에 든 효소와 접촉하거나 공기 중의 산소와 반응하면서 다른 냄새를 가진 물질로 변화하기 때문이다. 조리 시 향이 변화하는 대표적인 경우가 백합과에 속한 마늘, 양파, 부추, 파 등이다.

1) 백합과 채소와 향

마늘, 파, 부추, 달래, 양파, 샬롯 등 향신채로 많이 쓰이는 백합과 식물은 독특한 매운 냄새가 있다. 마늘은 껍질에 싸여 있을 때는 그 자체 향이 미약하지만 마늘을 썰거나 다지면 황을 포함하는 화합물인 알리인(alliin)이 알리이나제(alliinanse)와 접촉하면서 매운 냄새를 가진 알리신(allicin)으로 변한다. 알리신은 불안정하여 시간이 지나면서 산화하여 여러 가지 좋지 않은 냄새로 변하게 된다. 부추나 양파, 파에 들어 있는 황화합물도 세포가 부서지면서 산화효소와의 접촉에 의해 특유의 매운맛과 냄새를 내는 물질로 변화한다. 백합과 채소의 향은 물에 끓이면 약해지고 기름에 튀기면 신선할 때와는 다른 냄새로 변화한다.

2) 겨자과 채소의 향

겨자과의 양배추, 무, 순무, 겨자, 와사비, 배추, 열무 등은 정도의 차이는 있지만 매콤한 향이 있다. 이는 시니그린이라는 황을 포함하는 화학물질에 의해 나오는데, 특히 겨자의 매운맛과 톡 쏘는 강한 향의 원인이다. 시니그린은 온전한 식물세포 내에 있을 때는 냄새가 없지만 세포가 손상되면 시니그린이 세포 내의 미로시나제(myroxinase)와 접촉하면서 맵고 코를 찌르는 이소티오시아네이트로 분해되면서 특유한 톡 쏘는 매운 겨자와 와사비 냄새를 가지게 된다.

3. 숙성과 향미

오랜 시간 숙성을 하여 만들어지는 거의 모든 식품은 색이 갈색으로 점점 더 진해지는 것을 볼 수 있다. 과일이나 채소를 설탕에 재는 당절임을 하거나 상온에서 오래 숙성시키면 식품 속의 당과 단백질이 반응하여 갈색 물질을 만드는 느린 갈색화 반응이 일어난다. 당과 단백질이 서서히 결합하면서 낮은 온도에서의 메일라드 반응이 일어나는 것이다. 이렇게 진행되는 메일라드 반응도 특유한 맛 성분을 만들어 낸다. 일반적으로 당과 단백질이 결합하여 생기는 메일라드 반응은 120℃ 이상의 고온에서 단시간 내 진행되는 것에 비해 느린 갈색화 반응은 상온에서 진행되며, 심지어 냉장온도에서도 수년간 아주 느린 속도로 진행된다. 장기 저온 숙성식품이 가지는 구수하고 복잡한 맛은 이 느린 갈색화 과성 중에 여러 미생물이 식품재료를 분해하면서 고유한 향과 질감, 감칠맛을 더하게 되어 나오는 것이다. 느린 갈색화 반응은 거의 모든 발효식품의 냄새 원을 만드는 과정으로 해당 식품의 종류와 조리 과정, 온도, 미생물 환경 등이 복합적으로 작용하면서 독특한 냄새 물질을 만들어 낸다. 김치는 채소와 다양한 향신채를 혼합하여 장기 숙성을 하는 과정 중에 미생물의 발효에 의해 유기산, 알코올, 알데하이드, 에스테르 등이 혼합된 숙성취를 만든다.

포도주의 숙성 시 색 변화

간장이나 된장, 맥주, 포도주, 발사믹 식초, 치즈, 메이플 시럽 등은 오랜 시간 숙성에 의해 색이 점점 갈색으로 변화하는 식품이다. 이 느린 갈색화 과정 중에 여러 미생물이 식품 재료를 분해하면서 고유한 향과 감칠맛을 더하게 한다.

포도주는 포도의 품종에 따라서도 색이 다르지만 저장과 숙성 기간이 지나면서 점점 갈색 물질이 만들어지고 본래의 색과 섞이면서 변화해 간다.

감각평가: 삼점 검사법

- 목적: 2개의 동일한 시료와 1개의 다른 시료로 나의 맛 구별능력을 알아보자.

- 준비물: 컵 3개, 두 가지 샘플 시료, 숟가락, 난수표

- 결과

시료 번호	409	635	915
다른 것			
선호도 조사			
조별 통계			

- 토론:

chapter 11

전분의 조리

- 호화와 노화

1. 전분(Starch)의 의미

전분이란 말은 중세 영어 Sterchen로부터 파생되었으며, 딱딱하다는 의미이다. 전분이 많은 주곡들은 대개 주식이나 딱딱한 식품 재료로 그대로 먹으면 소화가 안 된다. 전분은 꼭 물과 열로 조리해야 신체가 이용할 수 있는 상태로 부드러워진다.

빵

씨리얼

파스타

쌀

감자

밤

전분 요리

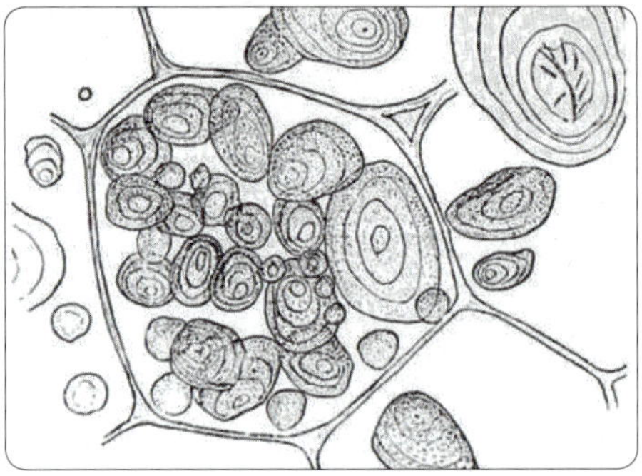

전분의 결정구조

곡류를 생식하면 소화가 안 되는 이유는 전분이 곡류세포 내에 크리스털 상태로 밀집되어 있어 소화효소가 접근하여 작용할 수가 없기 때문이다.

전분의 조리 이용

식품의 구분	식품명
베이커리 제품	케이크믹스, 파이필링, 컵케이크 프로스팅, 글레이즈, 냉장쿠키 반죽
브레드링	버섯튀김, 호박튀김, 닭튀김, 생선튀김, 양파링
음료	탄산소다수, 과일주스, 과일음료 분말
통조림 식품	칠리, 차우멘, 파스타 통조림, 크림형 옥수수
캔디류	캔디, 초콜릿 필링, 껌
유제품	치즈 분말, 치즈스프레드, 딥스, 사워크림, 요구르트
드레싱	샐러드드레싱, 샌드위치 스프레드
냉동식품	아이스크림, 파스타, 팟파이, TV 디너
육제품	런천미트, 소시지, 칠면조 로프
젤식품	잼, 젤리, 프리저브
수프, 스튜	차우더, 건조수프 믹스, 수프, 스튜
토핑	버터스카치, 마시멜로
그레이비 소스	
양념	

출처 : Amy Brown Understanding food. Wadsworth(2008).

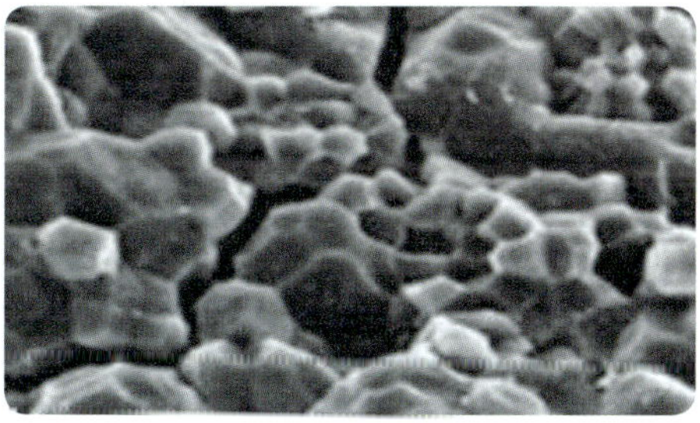

쌀 전분

밀 전분

2. 전분의 구조

전분은 주로 포도당이 한 줄 또는 가지상으로 연결된 구조를 가지고 있지만 곡류마다 분자량이 다르고 크리스털의 형태도 다르다. 이러한 전분크리스털의 차이로 인하여 전분의 조리 특성은 곡류마다 다르다. 전분의 구조단위는 포도당이다. 전분에서 포도당이 연결되는 방식은 두 가지로 직쇄상의 아밀로오스 구조와 가지상의 아밀로펙틴 구조가 있다.

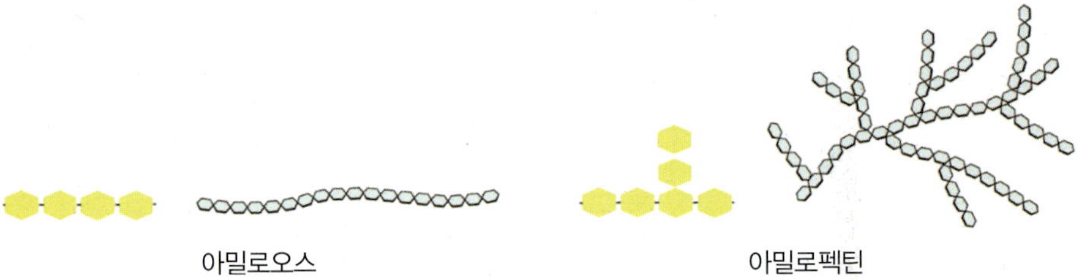

두 종류의 포도당 연결 구조: 아밀로오스와 아밀로펙틴

쌀 전분을 확대해 보면 세포 내 쌀 유전자와 일부 단백질을 둘러싸고 포도당이 가지상으로 빼곡하게 둘러싸고 있다. 전분의 색, 맛, 질감이 다른 이유는 전분마다 아밀로오스의 길이와 아밀로펙틴의 비율이 다르고 아밀로오스와 아밀로펙틴이 감겨 있는 결정구조가 다르기 때문이다.

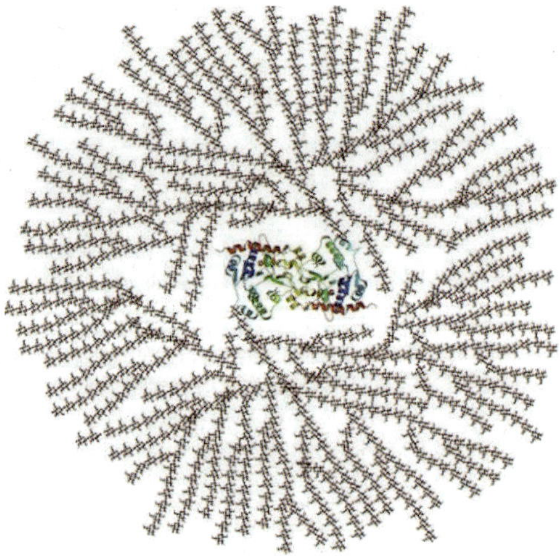

아밀로이드와 아밀로펙틴의 구조 결정구조

아밀로오스와 아밀로펙틴의 조리 특성

	아밀로오스	아밀로펙틴
색	흰색, 불투명	흰색, 투명
점성	낮다	높다
수용성	낮다	높다
맛	무미	단맛

전분에 따른 아밀로오스의 함량과 호화온도

전분 급원	아밀로오스 함량(%)	호화온도 범위(℃)
쌀	15~20	65~68
찹쌀	< 2	61~62
밀	25	63~65
보리	22~29	59.5
옥수수	28	72
찰옥수수	< 2	72
감자	22	66
타피오카	20	64, 73
아마란스	22	68

3. 전분의 호화

전분에 물과 열을 가하면 결정구조가 깨지면서 입자가 커지고 부드러워진다. 이를 전분의 호화라고 한다. 호화된 전분은 깨진 전분 구조 사이로 소화효소가 작용할 수 있어 체내에서 에너지원으로 전환될 수 있다.

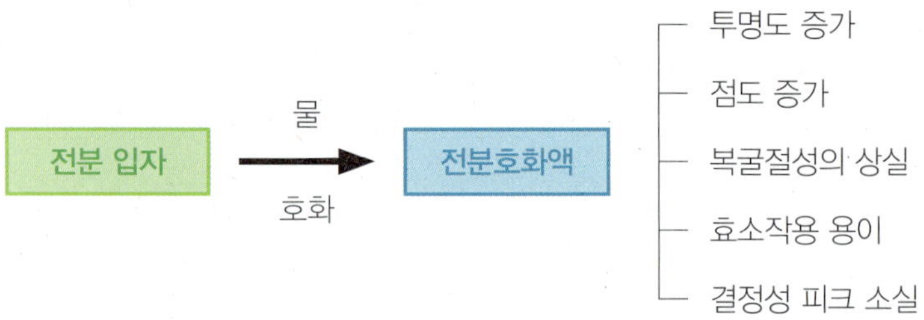

전분 입자의 크기는 호화온도에 영향을 미칠 뿐만 아니라 같은 무게 대비 조리 시 흡수성에도 차이를 준다. 예를 들어, 전이나 튀김의 경우 각 전분마다 익는 속도와 수분을 잡아 주는 양이 달라 바삭거림과 끈기가 달라진다. 또한, 각 전분 속에 같이 들어 있는 미세한 단백질량의 차이로 인해 메일라드 반응의 차이가 생겨서 같은 온도로 조리하여도 전분마다 조리품의 색깔이 달라지는 경우도 종종 발생한다.

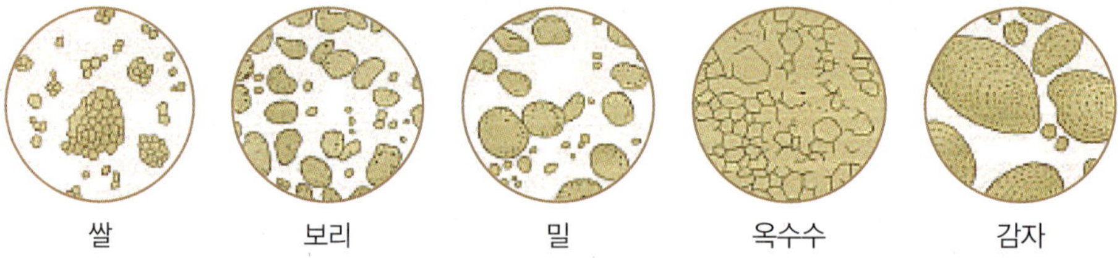

전분의 형태와 크기 비교

호화작용은 먼저 수분이 스며들어 팽윤하는 것부터 시작한다.

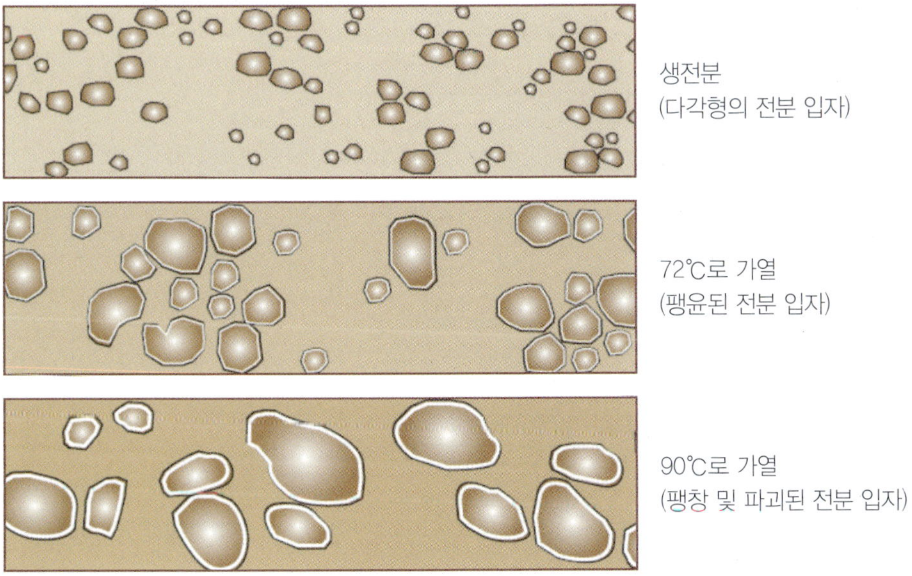

호화 중 전분 입자의 변화

호화가 진행되면 전분 입자가 깨지고 말단의 포도당이 노출되는 잔기가 많아지면서 맛이 달아진다. 또한, 일정하게 고온을 유지하면(40~60℃) 전분분해효소가 작용하면서 단맛이 더 강화될 수 있다. 예를 들어, 약한 불로 고구마를 은근히 가열하면 센 불에 구운 것보다 고구마가 훨씬 달아진다. 이 현상은 고구마 내 전분분해효소의 열에 대한 내성이 강하여 오랫동안 분해작용이 가능하기 때문에 일어난다. 전분이 들어 있는 식물마다 분해효소의 양과 활성도, 열에 대한 내성은 차이가 난다.

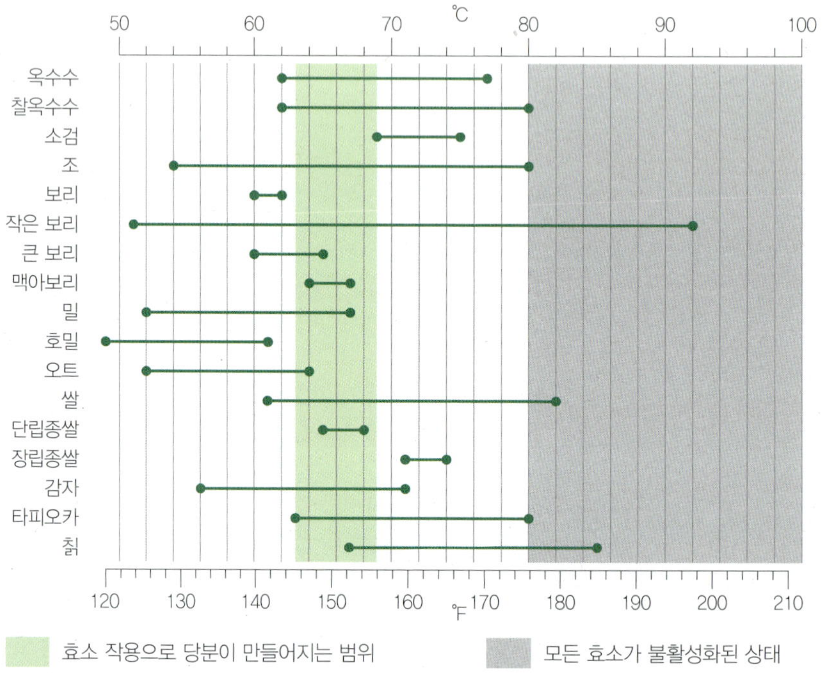

전분 종류에 따라 단맛이 생기는 호화온도

4. 전분의 젤화

가루 전분을 물을 충분히 가하여 끓이면 호화와 더불어 다량의 수분을 머금고 젤화가 진행된다. 전분은 무게의 약 6~7배 정도의 물을 함유하는 전분 젤을 만들 수 있다. 젤이 만들어지면 뜨거울 때는 농도가 끈적해지므로 이 성질을 이용하여 조리에 응용하는 예가 많다. 예컨대, 감자 전분, 고구마 전분, 옥수수 전분 등을 사용하여 소스의 농도를 내거나 쌀이나 밀가루로 죽 또는 수프의 베이스로 사용할 수 있다. 산업적으로는 온도가 낮아져도 젤이 굳지 않는 변성 전분을 사용하여 파이필링 등 증점제로 사용하기도 한다.

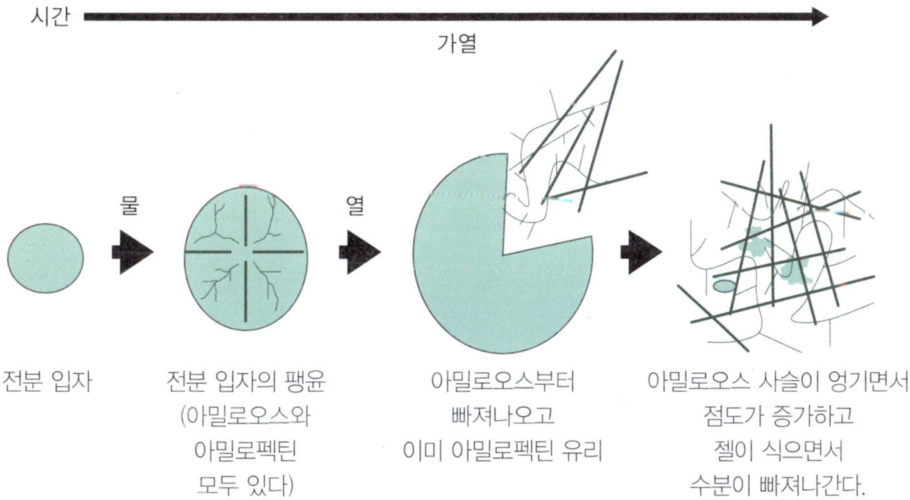

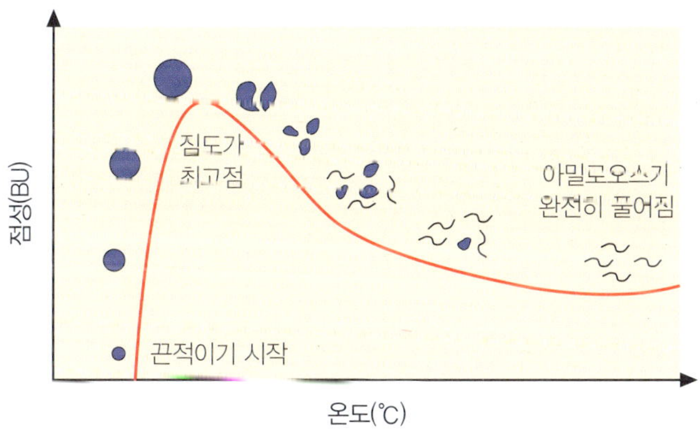

가열에 따른 전분액의 점도 변화

젤화된 전분이 식으면 물을 머금은 상태로 굳어진다. 도토리묵, 동부묵, 밤묵, 청포묵 등 각종 묵은 전분의 젤화 현상을 이용한 조리이다. 서구에서는 전분의 젤화 성격을 이용한 로쿰이 있다.

전분 젤 로쿰

- 로즈, 페퍼민트, 오렌지 로쿰 만들기 -

재료 설탕 800g ,옥수수 전분 120g, 레몬주스 1T, 로즈워터(바닐라오일, 민트오일, 레몬오일 등) 1T, 타르타르산 1t, 물 375g, 500g

❶ 팬에 레몬 주스와 물 375g, 설탕을 넣고 끓인다. 115℃로 맞춘다.
❷ 물 500g에 옥수수 전분과 타르타르산을 넣고 거품기로 믹스하면서 끓인다.
❸ ②의 액상이 풀처럼 되면 ①을 가늘게 부으면서 휘스퍼나 기계로 젓는다.
❹ 완전히 믹스되면 약불로 약 한 시간 정도 저으면서 끓인다.
❺ 아주 되직해지고 투명하던 액상이 yellowlish하게 색이 변화한다.
❻ 불에서 꺼내 색소와 어울리는 향을 넣는다(오렌지색에는 오렌지 향, 녹색에는 민트 향, 붉은색에는 로즈 향 등).
❼ 팬에 유산지를 깔고 오일을 발라서 준비하고 부어 준다.
❽ 하루밤 실온에 둔다.
❾ 슈가파우더와 콘플라워를 체에 쳐서 바닥에 깔아 주고 로쿰을 얹은 후 위에도 넉넉히 뿌린다.
❿ 롤러로 썰고 파우더를 무쳐 낸다.

5. 전분의 호정화

전분은 수분 없이도 분해될 수 있다. 건조한 전분을 마르게 고온으로 가열하면 결정구조 내 공기가 팽창하면서 순식간에 전분 입자가 터져 버린다. 이처럼, 수분 없이 열만으로 전분을 분해하는 것을 호정화라고 한다. 바삭한 뻥튀기나 쌀 튀밥, 미숫가루, 건빵 등이 호정화를 이용한 조리법이다.

6. 전분의 노화

밥이나 빵을 만들어 실온에 두면 점차 딱딱해진다. 호화된 전분에서 수분이 빠져나가면서 실온에서 자연적으로 굳어지는 것을 전분의 노화라고 한다.

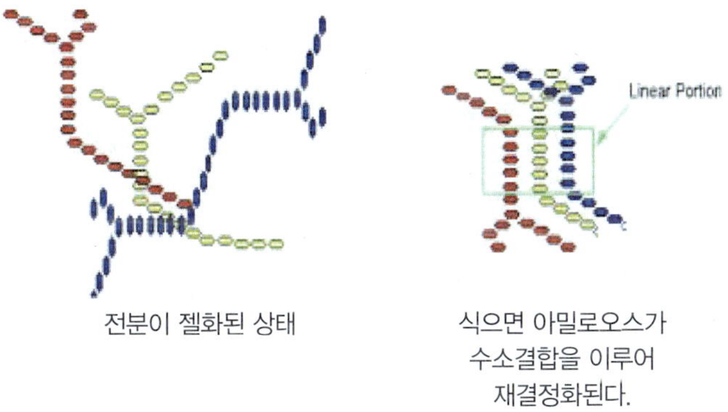

전분의 노화

모든 전분의 노화가 동일하게 일어나는 것은 아니다. 찰전분(찹쌀, 찰옥수수)은 아밀로펙틴만 있어서 노화가 더디게 일어난다. 온도가 0~3℃일 때 노화는 실온보다 더 빠르게 촉진되며, 전분 내 수분 함유량이 30~60%일 때 노화가 촉진된다. 따라서 호정화된 전분은 수분의 양이 매우 적기 때문에 노화되지 않는다. 케이크나 단 쿠키처럼 수분을 잘 잡아 주는 설탕이 많은 제품은 노화가 더디게 일어난다. 조리된 전분 제품의 노화를 방지하는 방법은 다음과 같다.

① 수분 함량을 아주 줄인다: 건빵, 쿠키, 미숫가루
② 설탕의 함유량을 아주 늘린다: 케이크, 전분 젤리
③ 뜨거울 때 냉동해서 보관한다(60℃ 이상 또는 영하 4℃ 이하로 보관).
④ 지방과 유화제가 섞이면 노화가 방해된다.
⑤ 빵과 밥 등을 냉장고에 보관하지 않는다.

전분의 호화와 노화에 영향을 주는 조리 요인

조리 요인	작용점	예
전분 종류	전분 입자가 작은 결정일수록, 아밀로펙틴 비율이 높을수록 호화온도가 높고 노화가 빨라진다.	찹쌀떡이 멥쌀떡보다 더디 익는다.
가열온도	가열온도가 높을수록 빨리 호화하고 0℃ 부근에서 노화가 빠르다.	냉장온도에서 굳어진다.
수분량	수분량이 많을수록 호화와 노화가 빨리 진행된다	크래커가 빵보다 오래 보관 가능
산도	산은 전분 입자를 잘라서 호화 시 점도가 낮아지고 노화도 빨리 진행된다.	전분으로 농도를 내는 소스에서 산도가 높으면 소스가 묽어진다.
무기염	무기염류는 호화를 촉진시킨다.	경수로 밥을 하면 더 빨리 호화
기타	지방과 단백질이 많으면 호화가 느려진다. 당은 탈수를 막아서 노화를 억제한다.	설탕이 많이 포함된 케이크나 쿠키 등은 노화가 잘 일어나지 않는다.

7. 쌀의 조리

쌀은 물을 부어 열을 가하면 단단한 크리스털 구조가 깨지고 호화가 진행되며, 크기가 커지고 윤기가 도는 밥이 된다. 맛있는 밥의 감각 특성은 민족마다 다르다. 한국과 일본의 경우 밥맛은 색, 윤기, 찰기 및 냄새와 맛으로 판단하지만 대다수의 쌀을 재배하는 동남아 지역과 유럽에서는 찰기가 없고 향미가 있는 쌀을 좋아한다. 밥맛에 가장 큰 영향을 주는 것은 쌀의 품종이 좌우하며, 같은 품종의 경우 조리 시 가수량과 화력의 세기에 의해 밥의 질이 달라진다.

1) 쌀의 품종

쌀알의 모양과 색은 품종에 따라 다르며, 아밀로오스와 아밀로펙틴의 비율도 품종마다 다르므로 밥맛의 감각평가 시 쌀의 품종이 중요하다. 쌀은 크기가 크고 길고 가는 모양의 인디카종과 짧고 통통한 모양의 자포니카종으로 나눌 수 있다.

인디카형 쌀은 길고 가늘어 부러지기 쉬우며, 전분의 구조상 아밀로오스의 함량이 높고 배유를 싸고 있는 세포벽이 단단하여 밥을 지어도 세포벽이 잘 파괴되지 않아 전분이 외부로 유출되지 않는다. 그 결과 인디카형 쌀로 밥을 했을 때 밥알이 길고 또렷하며, 끈기가 없어 각각 따로 흩어지는 특성이 있다.

반면, 한국과 일본에서 사용하는 자포니카형 쌀은 세포벽이 약해 밥을 지으면 세포벽이 무너지면서 전분이 흘러나와 밥알이 서로 들러붙은 끈기와 차진 맛을 제공한다.

특히, 찹쌀은 98%가 아밀로펙틴 구조이므로 밥을 지으면 열에 가수분해되어 생긴 맥아당으로 인해 가벼운 단맛이 있고 찰기와 윤기가 뛰어나다. 또한, 물을 넉넉히 넣고 끓이면 소스처럼 농도가 진한 죽이 만들어진다.

쌀의 품종(인디카형 쌀, 자포니카형 쌀, 찹쌀)

2) 쌀의 도정

쌀은 배유 92%, 배아 2~3%, 외피 5~6%로 구성되어 있다. 도정이란 왕겨 부분을 제거하여 식용 배아와 배유, 외피를 가진 쌀을 만드는 과정이며, 껍질만 제거했을 때 현미, 배유만 남기고 8%에 해당하는 배아 부분과 외피를 완전히 제거하면 백미라고 한다. 껍질의 일부를 남기는 정도에 따라 5분도미와 7분도미가 있다. 외피 껍질을 많이 제거할수록 소화흡수율은 높아지나 비타민과 단백질의 함량은 줄어든다.

품명	도정율(%)	소화흡수율(%)	비타민B_1(mg/%)
현미	100	90.0	0.45
5분도미	96	94.0	0.30
7분도미	94	95.5	0.25
백미	92	98.0	0.10

3) 나라별 쌀의 조리: 가수량과 화력

아밀로펙틴 함량이 많은 자포니카형 쌀로 밥을 짓는 과정은 쌀 불리기(침지)와 밥 짓기(취반)의 두 단계로 이루어진다. 침지과정에서 수분이 쌀의 중심까지 배어들어 접분입자를 골고루 수화시킨 뒤 강한 불로 가열하면 끓는 조리수가 위아래 대류를 일으켜 쌀알 내부로 열과 물이 고르게 전달되며, 호화가 빠르게 일어난다. 이후 약한 불로 뜸을 들여 내부까지 골고루 호화가 일어나게 한다. 찹쌀은 아밀로펙틴으로만 구성되어 있어 멥쌀에 비해 수분을 흡수하여 팽윤되기 쉽고 호화되면 점성이 크고 노화가 느리게 진행된다. 찰밥을 지을 때 물의 양이 너무

자포니카형 쌀 조리

찬물에서부터 밥을 짓는다.

인디카형 쌀로 만든 치킨비리야니
국수를 삶듯 많은 물에 전분을 씻어내고 밥을 짓는다.

많으면 열 전도 속도에 비해 전분의 유출이 빠르게 일으나므로 지나치게 끈적이고 고르지 않게 밥이 된다. 따라서 찹쌀을 이용하여 약식이나 떡을 만들 때는 삶기보다는 수증기로 찌는 방식을 활용하는 경우가 많다.

반면, 아밀로오스 함량이 높은 인디카형 쌀로 밥을 지을때는 침지과정 없이 진행된다. 인디카형 쌀을 주식으로 하는 동남아와 유럽 지역에서는 점성이 있는 밥을 좋아하지 않으므로 밥을 할 때 아예 국수 삶듯이 많은 물에 쌀을 삶아 낸 뒤 물을 따라 내고 남은 수증기만으로 약하게 뜸을 들이며 수분을 증발시킨다. 이런 방식으로 만들어진 밥은 유출된 전분이 쌀의 표면에 남아 있지 않아서 찰기가 없으며 쉽게 흩어지는 특성을 가진다.

이탈리아식 쌀 요리 리소토
쌀 전분을 강제로 유출시켜 소스를 만든다.

이탈리아에서는 쌀이 호화될 때 유출된 전분을 이용하여 소스를 만드는 리소토 요리가 있다. 리소토는 동남아식 쌀 요리와는 정반대의 조리 원리를 이용한다. 쌀의 전분을 극단적으로 많이 유출시키기 위하여 뜨거운 물이나 육수를 조금씩 부어 가며 많이 지으면서 쌀을 익힌다. 이렇게 쌀을 버터나 올리브유에 볶다가 뜨거운 육수를 조금씩 부어 조리하면 쌀알의 외관이 비교적 또렷하게 남아 있으면서도 전분이 육수로 많이 흘러나오고 끈적한 전분액이 소스처럼 쌀알을 코팅하는 밥요리가 만들어진다. 리소토는 접시를 흔들어 보아 파도처럼 출렁일 정도로 점성이 있으면서도 죽처럼 완전히 쌀알이 퍼지지 않고 꼬들한 씹힘성이 있어서 한국의 죽과는 차이가 있다.

4) 쌀가루의 조리

전통적으로 우리나라에서는 밀가루보다 쌀가루를 이용한 죽이나 떡 등의 요리가 많다. 쌀가루는 밀가루와 달리 물을 첨가해도 글루텐을 형성하지 않기 때문에 반죽에 점탄성이 없고 뚝뚝 끊어진다. 또한, 글루텐층이 물리적으로 공기를 머금는 층간 구조가 만들어지지 않아서 쌀가루 반죽은 조리 질감이 치밀하고 포근하게 부풀리기가 어렵다.

이런 단점을 극복하기 위해서 전통적으로 떡 반죽을 할 때는 끓는 물로 익반죽을 한다. 끓는 물을 쌀가루에 부어 주면 쌀 전분의 일부가 순간적으로 호화되면서 끈기가 생겨 매끄럽고 점탄성이 생기므로 성형하기가 쉽다.

점탄성을 위해 익반죽한 송편

쌀가루의 조리 시 흡수성은 방앗간에서 빻는 제분 과정에 따라 다르다. 쌀가루가 곱게 분쇄될수록 호화 시에 아밀로오스 전분이 더 많이 빠져나와 찰기와 끈적거림이 더해진다. 따라서 떡을 만들 때에는 시판되는 입자가 아주 고운 마른 쌀가루인지, 방앗간에서 전통식으로 물을 부어 가며 제분한 쌀가루인지, 제분 후 어느 정도 시간이 지나 수분이 증발하며 마른 상태인지 등을 판단하여 수분을 첨가하는 반죽을 해야 한다.

감각평가: 묘사분석

- 목적: 4가지 전분 젤의 질감 특성을 표시해 보자.

- 준비물: 옥수수 전분, 감자 전분, 고구마 전분, 칡 전분으로 만든 Sweet and sour sauce, 레몬, 설탕, 간장 휴대용 가스버너 2개, 팬 4개, 감자튀김, 일회용 접시

- 결과

	색	투명도	단맛	끈적임
옥수수 전분				
감자 전분				
고구마 전분				
칡 전분				

- 토론: 4가지 전분 젤의 질감 차이를 토론해 보자.

chapter 12

밀가루의 조리

- Bakers are Architects

쌀, 보리, 옥수수 등의 주곡이 대부분 통곡식으로 이용되는 것과는 달리 밀은 먼저 가루로 제분되어 활용되는 경우가 대부분이다. 밀가루로 만든 빵, 과자, 국수 등의 밀 제품은 밀의 종류와 첨가물, 제조 방식에 따라 부드러움, 딱딱함, 쫀득함, 바삭함, 잘 끊어짐, 탄성 등의 질감 특성이 다양하게 달라질 수가 있다. 이는 밀가루에 들어 있는 독특한 단백질의 구조성에 기인한다. 즉, 밀의 조리는 만들고자 하는 완제품의 형태와 구조를 결정짓는 조리 요인을 잘 이해해야 한다. 구조는 첫째, 주재료가 되는 밀의 특성과 종류, 둘째, 첨가물이 밀에 미치는 영향, 셋째, 믹싱 및 굽는 기법이 연결되어 결정된다. 중세로부터 전해 온 "Bakers are micro-architects"라는 장인들의 말은 제빵 조직과 구조 질감에 대한 중요성을 강조하는 의미가 있다.

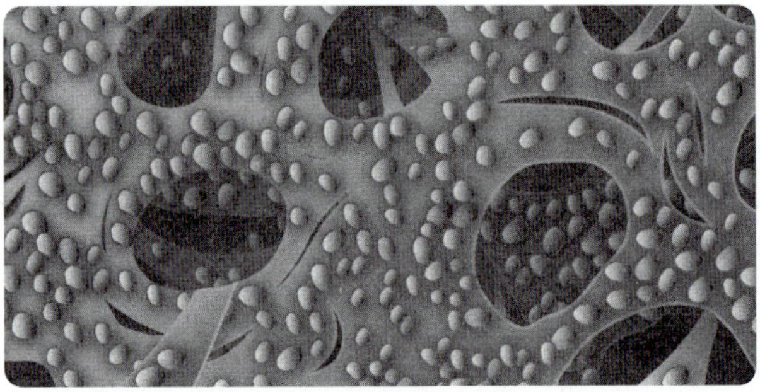

빵 반죽의 전자현미경 사진

1. 밀의 제과, 제빵, 제면 특성

밀은 쌀, 옥수수와 함께 세계 3대 주곡 중 하나로 기원전 중동의 비옥한 초승달 지대에서 처음 경작되기 시작하여 유라시아 대륙 전체와 아메리카 대륙으로 퍼져 나갔다. 현재 가장 많이 재배되는 곳은 중국, 인도, 러시아, 미국, 프랑스 등지이다. 산지마다 밀의 품종이 다르며, 세계적으로 약 30,000여 종의 밀 품종이 있다. 프랑스산 밀, 한국의 토종밀, 지중해의 듀럼밀, 미국의 겨울밀과 우크라이나의 봄

밀, 러시아의 호밀 등은 고유한 조리 특성이 있어 각 지역의 특산 빵이나 과자, 국수 제품의 맛과 질감을 결정한다.

제과나 제빵, 제면 제품의 원하는 특정 질감과 형태를 구조적으로 쌓기 위해 가장 중요한 것은 골격이 되는 밀가루의 신댁이다. 그다음에는 부가되는 계란, 설탕, 버터, 우유 등의 첨가 재료가 밀가루의 성격을 어떻게 조정할 것인지를 파악하여 첨가물과 첨가량을 결정하여야 하며, 마지막으로 이 첨가물과 밀가루를 어떤 방식으로 섞어 줄 것인지에 따라 제품 특성이 나오게 된다.

밀의 원산지(비옥한 초승달 지역)

밀의 종류[① 통밀, ② 연질밀(강력분), ③ 호밀, ④ 듀럼밀]

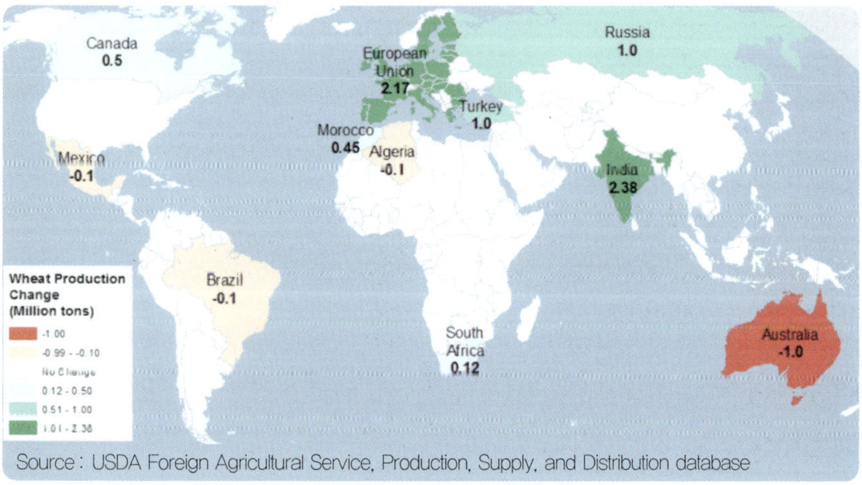

밀의 생산지

두 번 구워 만드는 비스코티

생면 라비올리

파네토네

다양한 제과품

1) 제분

밀은 외피가 단단한 데 비해 배유 부분이 부드러워 도정 과정에서 쉽게 부스러진다. 밀의 단백질 함량은 원래 품종에 따라 다르기도 하지만 같은 품종이라도 도정에 따라 강력분과 박력분으로 나뉜다.

처음에 가루가 되어 나오는 것은 주로 배유의 중심부로 단백질 함량이 낮다. 배유의 바깥 부분과 껍질 부분은 단백질 함량이 높다. 단백질 함량이 높은 밀가루는 반죽했을 때 반죽이 단단하고 질기다.

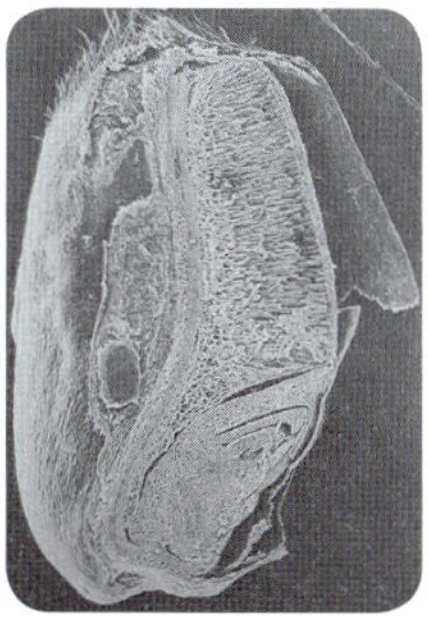

밀알의 구조와 밀가루

2) 밀의 종류

밀은 크게 ① 파종 시기에 따라 겨울밀과 봄밀로 구분하고 ② 밀알의 단단한 정도에 따라 연질밀과 경질밀로 구별한다. ③ 밀가루 내의 단백질의 함량에 따라 강력분, 중력분(다목적용), 박력분으로 구별하기도 한다. ④ 제분율에 따라 통밀(껍질, 배유 등 모두 포함, 식이섬유와 무기질 함유량이 많다), 96% 밀(껍질만 제거), 88% 밀, 75% 밀(일반적인 밀가루)로 구별하기도 한다. 제분율이 높을수록 빵이나 과자의 질감이 거칠다. 제빵 및 제과 품질을 결정하는 중요한 구분은 단백질 함량에 따른 구별이다.

(1) 강력분(strong flour : bread flour)

단백질 함량이 12~14%이며, 강한 탄력성과 점성이 있어 성형 시 모양이 잘 잡힌다. 식빵, 퀵브레드, 생면 파스타 등의 제조에 사용된다.

(2) 중력분(medium flour : all-purpose flour)

단백질 함량이 10~12% 정도이며, 물의 흡착력도 중간 정도이다. 점성과 탄성이 강력분과 박력분 사이라 다양한 목적에 두루 사용하기 용이하여 다목적 밀가루라고도 불린다.

(3) 박력분(weak flour, cake flour 또는 pastry/ cookie flour)

단백질 함량이 8~11% 정도이며 탄력성, 점성, 물의 흡착력이 약하여 질감이 바삭바삭한 질감을 필요로 하는 제품에서 우선적으로 사용된다. 케이크, 튀김옷, 과자나 파이 반죽에 주로 사용된다.

밀가루의 종류

종류	단백질(%)	특성	제품 예
글루텐 강화 밀가루	41%	특수 추출된 글루텐을 넣어 준 것으로 탄성이 뛰어나다.	특수 제품
통밀가루	14%	껍질의 단백질과 무기질로 단백질 함량은 높고 질감이 거칠다.	통밀빵
듀럼밀가루(경질밀)	14%	단백질의 함량은 높으나 점성보다는 탄성이 높다.	파스타면
강력분	13%	점탄성이 높다.	제빵용
다목적 밀가루(중력분)	10%	적당한 점탄성을 가진다.	부침, 튀김 등 다목적용
박력분	8%	점탄성이 낮아 끈적이지 않고 바삭거리는 질감을 준다.	케이크용, 쿠키용

3) 밀가루의 구조 특성

밀가루의 주성분은 전분과 단백질이다. 밀가루 단백질로는 수용성인 글로불린, 알부민, 불용성인 글리아딘과 글루테닌 단백질이 있다. 이 중 불용성인 글리아딘과 글루테닌이 각각 4% 이상으로 밀단백질의 대부분을 차지하고 있으며, 특히 밀의 제빵과 제면 조리 특성을 결정하는 요소가 된다.

탄수화물로는 주로 전분, 섬유소, 덱스트린, 당류가 소량 있으며, 밀배유에는 전분분해효소, 단백질분해효소, 지방분해효소 등이 있어서 밀가루의 품질에 영향을 미친다.

- 밀가루에 물을 부으면 생기는 일 -

❶ 전분이 수화된다.
❷ 두 가지 밀단백질이 수화되어 변성된다.
❸ 글루텐이 만들어진다.

(1) 글루텐의 형성

밀가루에 물을 부으면 전분은 수화되어 부풀기 시작하고 밀의 단백질은 물과 결합하면서 형태가 변한다. 밀가루의 단백질은 글리아딘과 글루테닌 두 종류가 비슷한 분량으로 들어 있다. 글리아딘은 수화되면 잘 늘어나고 끈끈해지므로 밀반죽에 점성이 생긴다. 글루테닌은 수화되면 탄력성이 강하고 단단해진다.

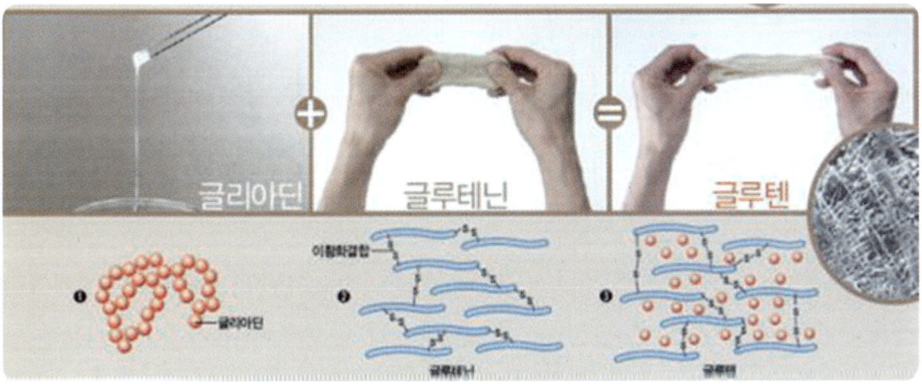

❶ 둥근 모양 단백질(글리아딘)은 물을 넣으면 끈끈한 점착성이 생기고
❷ 긴 막대 모양 단백질(글루테닌)에 물을 넣고 반죽하면 탄력성이 생기는데
❸ 오래 치대어 반죽하면 글루테닌 분자 사이 사이에 글리아딘이 끼어 거대한 단백질 분자를 이루게 된다.
이를 글루텐 망상구조라 하고 글루텐은 점성과 탄성을 모두 가진 부드러우면서도 탄력 있는 빵의 뼈대가 된다.

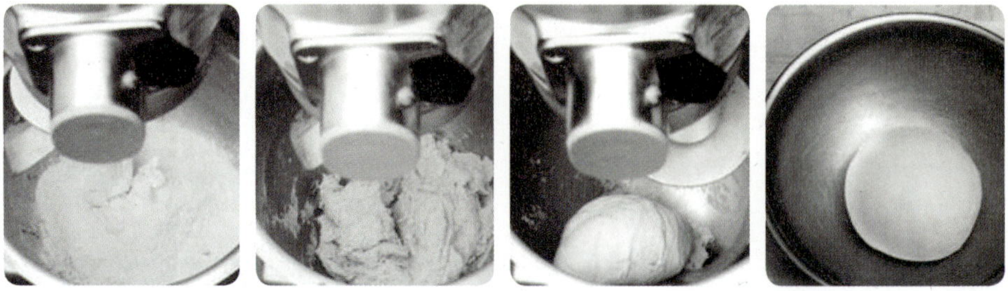

반죽의 글루텐 형성 과정

밀가루별 글루텐 양과 팽창 정도

(2) 글루텐의 역할

밀가루에 물을 첨가한 후 치대어 주면 수화된 글리아딘과 글루테닌이 교차결합되면서 점성이 있고 탄력성이 있는 입체적 글루텐 망상구조를 형성하여 보이지 않는 밀가루 반죽의 뼈대를 이루게 된다. 글루텐은 많을수록 단단하고 질긴 막을 형성하고 가열 시 공기를 포집하는 능력이 좋아서 잘 부푼다.

글루텐의 발달이 필요한 제품과 질감 어휘

잘 만들어 졌을 때	잘못 만들어 졌을 때	제품 예
쫄깃하다 탄력 있다 폭신하다 바삭하다	푸석하다 뚝뚝 끊어진다 딱딱하다 켜가 없다	식빵 및 빵류 크루아상 칼국수 파스타 만두피 스트루델 크림퍼프 베이글

강력분으로 만든 반죽이 더 단단하고 잘 부푸는 이유

글리아딘과 글루테닌을 다량 함유하고 있는 강력분(단백질 함량 12~14%)으로 반죽을 하면 더 많은 글루텐이 형성되어 박력분(단백질 함량 8~11%)을 사용했을 때보다 더 단단하고 질긴 반죽이 되어 빵을 구울 때 발생된 이산화탄소와 가스를 잘 포집하므로 빵이 잘 부푼다.

박력분을 튀김옷으로 사용하는 이유

튀김이 바삭하게 되려면 튀김옷의 형태를 잡아 주는 일정량의 글루텐이 필요하다. 그러나 글루텐이 너무 많으면 단단하게 중합 결합되어 튀김옷이 딱딱하면서도 질겨진다. 나아가 재료 속의 수분이 외부로 발산되는 것을 막아 튀김이 바삭거리지 않고 시간이 갈수록 질게 된다.

글루텐 생성을 최소화하는 제품과 질감 어휘

잘 만들어 졌을 때	잘못 만들어 졌을 때	제품 예
부드럽다	질기다	퀵 브레드
바삭하다	딱딱하다	케이크
세밀하다	거칠다	머핀
연하다	단단하다	펜케이크
		파이 크러스트
		타르트 껍질
		제노아즈

(3) 글루텐의 추출

밀가루 반죽 덩어리①를 찬물에 넣고 반죽하면 녹말이 떨어져 나가면서 물이 뿌옇게 된다②. 더 이상 녹말이 나오지 않을 때까지 이 과정을 반복하면③, 밀가루의 단백질 덩어리인 순수한 글루텐만을 얻을 수 있다④. 이 글루텐은 매우 질기고 껌처럼 쪼득한 질감을 가져 인공고기 등에 사용한다.

글루텐이 잘 발달된 빵 도우

2. 글루텐 형성에 영향을 미치는 첨가물의 영향: 제과성, 제빵성, 제면성

모든 밀가루 제품은 밀가루에 물을 부음으로써 글루텐이 형성되는 것에서부터 시작된다. 그러나 원하는 제품의 질감은 글루텐의 형성에 다른 부재료가 어떻게 작용하는지에 따라 달라진다. 따라서 제일 먼저 글루텐의 함량이 적당한 밀가루의 선택이 가장 중요하고 여기에 부재료가 어느 정도 투입되어 어떤 효과를 내는지, 그리고 어떤 방식으로 반죽할 것인지에 따라 제품 특성이 달라진다.

Material for baker

첨가 재료의 역할을 연결시켜 보자.

- 밀가루
- 지방
- 설탕
- 계란 흰자 / 노른자
- 소금
- 우유 / 분유
- 코코아 / 초콜릿
- 시럽
- 이스트
- 베이킹파우더 / 소다
- 물

- 구조 강화제
- 구조 연화제
- 보습제
- 건조제
- 팽창제
- 향미제

주로 많이 사용되는 부재료는 지방, 설탕, 계란 흰자/노른자, 소금, 우유/분유, 코코아/초콜릿, 시럽, 이스트, 베이킹파우더/소다, 기타 에센스나 술 등이며, 이들은 각각 구조 강화제, 구조 연화제, 보습제, 건조제, 팽창제, 향미제의 역할을 담당한다. 그러므로 각각의 부재료가 제빵이나 제과, 제면의 품질 특성에 미치는 영향이 다름을 인식하여야 한다.

1) 수분

반죽에 들어가는 수분 함량(물, 우유, 과즙, 요거트 등)은 ① 반죽의 되고 묽은 정도를 결정하며, ② 글루텐을 형성시켜 주고, ③ 전분의 호화 정도를 결정한다. 나아가 과즙이나 요거트, 우유 등은 반죽의 산도에도 영향을 미친다.

밀가루의 무게 대비 수분 함량으로 반죽의 정도를 네 가지로 나누어 볼 수 있다.

수분 함량에 따른 반죽의 종류

반죽의 종류		밀가루 : 물	용도
된 반죽 (dough)	단단한 반죽 (firm dough)	1C : 1/4C	국수, 식빵, 만두피
	부드러운 반죽 (soft dough)	1C : 1/2C	찐빵, 수제비, 도넛
묽은 반죽 (batter)	퍼지는 반죽 (drop batter)	1C : 3/4C	머핀, 핫케이크
	흘러내리는 반죽 (pour batter)	1C : 1C	스펀지케이크, 크레이프, 튀김옷

2) 소금

적당량의 소금은 글리아딘의 점성과 신장성을 증가시키고 단백질 가수분해효소의 활성을 죽이며, 글루텐의 입체적 망상구조를 질기고 치밀하게 만든다. 그 결과 소금을 넣은 반죽은 단단하면서 쫄깃한 질감이 증가한다. 소면이나 칼국수면을 제면 시 소금을 넉넉히 넣는 이유이다. 빵을 만들 때도 소금은 이스트의 과발효를 막는 효과가 있다.

3) 설탕

설탕은 글루텐의 망상 조직을 연화시켜 밀가루 제품의 질감을 연하고 부드럽게 한다. 제빵 시에 설탕은 이스트의 먹이 역할로 발효를 촉진시키는 역할을 한다. 그러나 설탕이 많으면 글루텐이 물러져 공기의 포집이 제대로 일어나지 않게 된다. 제과에서 설탕은 수분을 잡아 주는 역할을 하여 제품이 노화하는 것을 막아 주고 촉촉한 질감을 유지하도록 도와준다. 나아가 제품을 구울 때 설탕이 캐러멜화하면서 독특한 색과 향미를 준다. 케이크에서 설탕의 양이 과하면 반죽이 묽어지고 가열 시 표면이 거칠어진다.

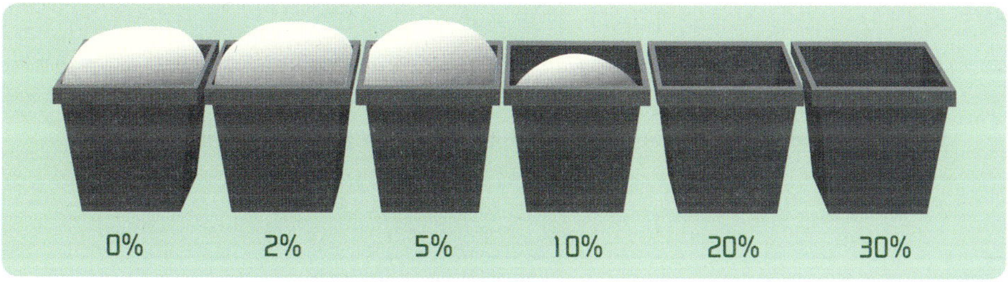

설탕이 빵의 부풀기에 미치는 효과

4) 계란 흰자와 노른자

계란 흰자에는 수분과 단백질이 많아서 반죽의 수분 함량을 변화시킨다. 계란 흰자의 알부민 단백질은 가열 시 응고하여 글루텐을 도와 제품의 질감을 단단하게 한다. 흰자의 단백질은 기포성이 있어 팽창제로서의 기능도 한다. 반면, 계란 노른자에는 유화성이 좋은 인지질이 많아 지방을 고르게 분산시키는 역할을 한다.

5) 유지류

반죽에 유지류를 넣을 때는 유지의 종류가 액상, 고형 또는 크림상의 지방인지에 따라 서로 다른 효과를 낸다.

소량의 액체 유지나 계란 노른자의 지방은 글루텐을 둘러싸서 망상구조가 확장되는 것을 억제하여 반죽이 부드럽고 연해지는 쇼트닝 작용을 한다. 그러나 제빵 시에 과도한 지방을 넣으면 반죽을 연화시켜 부풀지 않는 치밀하고 촉촉한 제품이 만들어지게 된다.

반면, 파이크러스트나 페이스트리, 크루아상과 같은 강력분으로 반죽하면서 버터나 쇼트닝과 같은 고형 유지를 다량으로 넣으면 만들어진 글루텐 시트 사이에 물리적인 지방의 켜가 끼어들어 공기를 포집하는 역할과 바삭한 질감을 주게 된다.

케이크 등을 제조 시 버터에 설탕을 넣고 휘핑하면 버터가 점탄성을 가진 크림처럼 크림화가 되면서 공기가 유입된다. 이때 들어간 공기가 케이크가 구워질 때 팽창제 역할을 하여 부풀리게 된다.

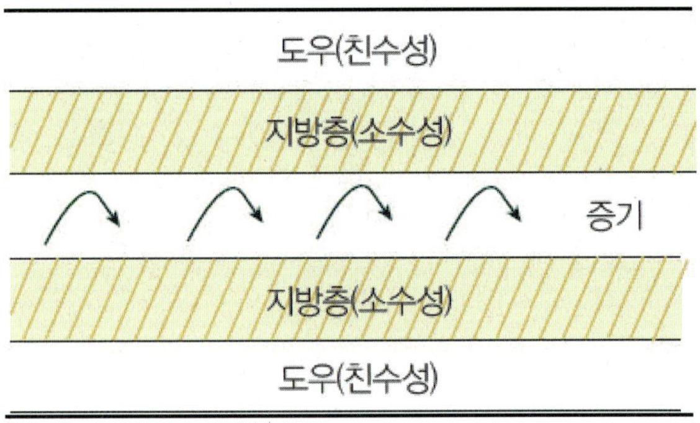

바삭하면서도 탄성 있는 페이스트리 반죽의 구조

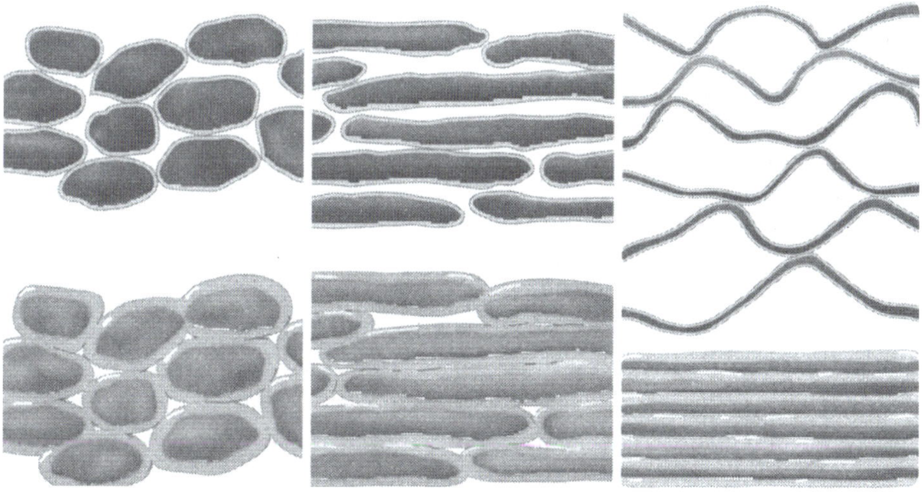

페이스트리 반죽이 부푸는 원리

페이스트리 반죽의 구조와 크루아상

6) 팽창제

팽창제는 반죽의 글루텐 켜 사이에 공간을 두어 공기가 포집되게 만들어 가볍고 폭신한 질감의 제품이 만들어지게 하는 중요한 재료이다. 제조 과정 중에 자연적으로 들어가는 공기나 일부러 넣어 준 공기, 물이 가열되면서 만들어진 수증기가 그 역할을 하며, 일부 화학적 과정에 의해 만들어진 이산화탄소나 이스트의 발효 과정에서 생겨난 이산화탄소가 팽창제의 역할을 한다.

(1) 공기

롤케이크

공기는 밀가루를 체치고, 여러 재료를 섞고(folding), 계란 흰자를 휘핑(whipping)하거나, 버터나 노른자의 크리밍(creaming) 과정에서 주로 포집된다. 계란 흰자의 단백질은 휘핑 시 기계적인 힘에 의해 신장되어 공기를 둘러싸는 막을 형성하고 지방이 많은 노른자나 버터에 설탕을 넣고 교반하면 인지질에 의해 가소성이 있는 크림을 만들면서 소수성 지방이 공기를 둘러싸게 된다. 카스텔라나 스펀지케이크, 엔젤푸드 케이크 등이 공기로 부풀리는 예이다.

계란으로 공기를 넣어 줄 때 흰자와 노른자를 함께 쳐서 공기를 넣어 주는 경우(공립법)와 흰자와 노른자를 분리 후 각각 휘핑을 하여 섞어 주는 경우(별립법)는 제품의 질감을 다르게 만든다. 일반적으로 공립법은 노른자의 지방 성분에 의해 거품이 많이 나지 않고 치밀하게 작은 방울을 형성하는 반면 흰자와 노른자를 따로 거품 내어 섞어 주는 별립법은 공기 방울의 크기가 크고 전체 볼륨이 많아진다.

(2) 수증기

수증기로 부풀린 피타브레드

밀가루를 반죽할 때 사용된 물이나 우유, 요거트나 주스 등의 액체가 굽는 과정에서 수증기로 기화되는데 이때 제품 내 글루텐층이 이 수증기를 빠져나가지 못하게 막아 주는 역할을 하여 잘 부풀게 된다. 주머니빵으로 알려진 피타브레드나 크림을 채우는 크림퍼프의 슈 반죽이 대표적인 수증기를 팽창제로 사용하는 제품이다. 슈 껍질은 전적으로 수증기만으로 팽창시키는데 반죽에 물을 많이 넣어 묽은 반죽을 만든 다음 고온(230℃)에서 구워 다량의 수증기가 발생되면서 껍질을 부풀리게 된다. 수증기로 부풀리는 제품은 오븐의 온도 유지가 중요하므로 중간에 오븐 문을 열거나 굽는 온도가 낮으면 수증기는 반죽을 부풀리기 전에 빠져나가 버려 반죽이 가라앉게 된다.

(3) 화학적 팽창제

원하는 온도에 즉각 반죽을 팽창시킬 수 있는 이산화탄소를 만들어 주는 방식으로 화학적 팽창제가 있다. 가장 많이 사용되는 것은 베이킹파우더이며, 일부 고전적인 레시피에서는 베이킹소다(중탄산나트륨)를 사용하기도 한다.

중탄산나트륨은 가열되면 바로 이산화탄소와 물로 분해되며, 반죽을 팽창시킨다. 이때 나온 탄산나트륨은 알칼리성으로 밀가루의 백색 색소인 플라본을 황색으로 변하게 한다. 우리나라 고유의 찐빵에서 많이 사용하였다. 중탄산나트륨은 특유의 씁쓸한 알칼리의 맛과 냄새가 있어 서양조리 시에 레몬즙이나 요구르트, 코코아 같은 산성 식재료를 첨가해 주는 경향이 있다. 반면, 베이킹파우더는 베이킹소다에 산염을 미리 같이 넣어 준 것으로 중탄산나트륨이 분해되어 이산화탄소 가스를 만드는 과정이 균질하고 조절하기 쉬워 현대에 와서 주로 사용되고 있다.

중화면이 황색을 띠는 이유

중화면은 점성과 탄성이 뛰어나 한 덩이의 반죽이 한 가닥 국수로 뽑혀져 나올 정도로 글루텐 형성이 잘 촉진되어 있는 반죽이다. 이런 반죽을 만들기 위해서 중화면은 반죽 시 밀가루에 중탄산나트륨을 탄 물을 넣고 반죽하여 만든다. 알칼리성인 중탄산나트륨을 넣고 반죽하면 글루텐의 형성이 촉진되어 잘 끊어지지 않고 늘어나는 탄력성 있는 면을 만들 수 있지만 열을 받으면 낮은 온도에서 메일라드 반응이 일어나 면의 색이 연한 황색으로 변한다.

반죽의 점탄성을 극대화시킨 중화면의 제조 방식

(4) 생물학적 팽창제 : 효모

효모로 부풀린 빵

칼로 자른 반죽의 절개선이 구울 때 부풀면서 벌어진다.

효모는 공기 중에 살아 있는 균으로 효모 공정이 발달하기 전에는 술에 들어 있는 효모균을 사용하거나(막걸리로 반죽하는 경우), 공기 중 효모를 포집하거나(천연 발효빵), 기존 발효된 반죽의 남은 조각에서 새로운 반죽으로 이전시켜(샤우어 도우법) 사용하였지만 지금은 제빵용 효모를 균질하게 배양하여 나온 제품을 사용하는 것이 일반적이다. 효모는 반죽 속의 당 성분을 먹고 자라며, 이산화탄소를 뿜어내고 에칠알코올을 만들면서 특유의 빵 향기를 만든다. 효모가 자라는 적정온도는 27~29℃이며, 저온에서도 서서히 자라므로 저온 숙성빵을 만들 수도 있다.

3. 경질밀의 조리

듀럼밀이라고도 불리는 경질밀은 고대 밀의 원형으로 단백질이 많을 뿐만 아니라 그 성질도 연질밀과는 아주 다르다. 점성이 작고 탄성이 높은 반죽은 단단하고 치밀한 조직을 만든다. 경질밀은 제빵용으로 사용되기보다는 단단한 성질을 이용하여 제면용으로 사용되는데 이탈리아 파스타면의 재료는 주로 경질밀이다.

건조파스타는 경질밀에 물로만 반죽하며, 이를 길게 압착하여 뽑아내는 공정으로 제조한다. 글루텐의 양이 많아 소금을 넣지 않아도 탄력 있는 국수의 질감이 나오기 때문에 소면이나 칼국수면과 달리 소금을 넣지 않고 제조하는 특성이 있다. 반면, 생면파스타는 경질밀로 제조하기가 어려우며, 대개 강력분으로 제조한다. 건조파스타는 수분 함량이 낮으므로 6개월 이상 상온 보관이 가능하다.

경질밀을 사용하는 다른 조리법은 작은 알갱이로 빚어 저장하는 쿠스쿠스이다.

쿠스쿠스는 경질밀을 찐 후 말려서 준비하며, 뜨거운 물을 붓거나 쪄서 바로 먹을 수 있게 이동식으로 용이하게 만든 중동 전통의 요리 재료이다.

경질밀 파스타

쿠스쿠스

4. 호밀(Rye)의 조리

호밀은 호맥이라고 하며, 한랭건조대 지역에서 잘 자란다. 밀과 성분이 비슷하나 글루텐 형성이 안 되어 점성이 약하고 탄력 강도도 떨어지므로 빵을 만들면 잘 부풀지 않고 조직이 치밀하고 단단한 빵이 만들어진다. 호분층의 색소 때문에 호밀로 만든 제품은 진한 갈색이 된다. 호밀빵 이외에 호밀을 이용한 대표적인 요리는 러시아의 블리니가 있다. 블리니 위에 연어알 등을 올려 카나페로 제공하기도 하고 크레이프처럼 얇게 구워 과일이나 연어 등을 넣어 롤로 제공하기도 한다.

호밀빵

호밀로 만든 블리니

감각평가: 정량묘사분석

- 목적: 단백질 함량이 다른 밀가루로 글루텐을 만들어 보자.
  만들어진 글루텐의 중량과 부풀기 차이를 확인하자.

- 준비물: 조별로 밀가루(강력분/중력분/박력분) 각 100g, 소금물, 볼 6개, 저울, 면보

- 방법: 1) 밀가루를 20g의 물로 반죽한다.
  2) 잘 치댄 다음 물에 1시간 담가 둔다.
  3) 모양을 잡으면서 주물러서 전분을 빼낸다.
  4) 글루텐만 남긴 후 분량을 잰다.

- 결과: 1) 중량을 달아 밀가루별로 만들어지는 글루텐의 양을 확인하자.
  2) 글루텐의 질감을 확인하자.
  3) 조리에 글루텐을 활용하는 방식을 토론하자.

- 사진

박력분	중력분	강력분

- 토론:

chapter

13

분자요리: 상의 변화

- 젤과 젤리

1. 상의 변화와 분자요리

- 식품의 질감과 모양의 변화가 가져온 뉴트랜드(분자요리)
  - 식품과 조리과학의 발전으로 전통 재료에 다양한 질감 재료 응용
  - 창의력으로 놀라움을 선사하고 부가가치 증가
  - 노인식, 치료식 등 질감이 중요한 이슈가 되는 영역 개척
  - 신식품산업(3D 프린터) 기술의 핵심

■ 비디오 보기

https://www.ticgums.com/news-a-events/gum-guru-blog/1367-carrageenan-agar-alginate.html

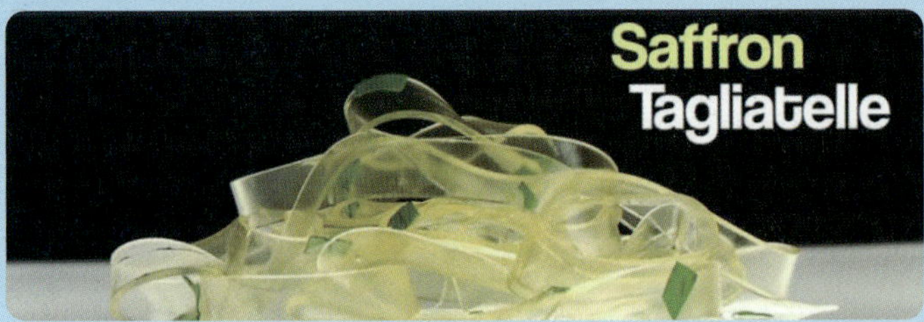

1) 하이드로콜로이드(액체와 고체)

- 물속에 모양이 긴 단백질이나 섬유질다발이 부유물처럼 떠 있는 상태
- 주변 조건에 따라 액체형으로 있을 수도 있고 이들이 엉겨서 탄력 있는 고체가 되기도 한다.

2) 졸(Sol)과 젤(Gel)

- 졸(Sol) : 긴 섬유소나 단백질다발이 부유물로 떠 있지만(콜로이드 상태) 이들이 서로 연결되지 않은 액체 상태(예 : 우유, 계란 흰자, 주스, 두유)

- 젤(Gel): 졸 속에 든 섬유질이나 단백질이 어떤 이유로(냉각, 염, 산 등)로 인해 연결되어 반고체화된 상태(예: 치즈, 삶은 계란, 젤리, 두부)

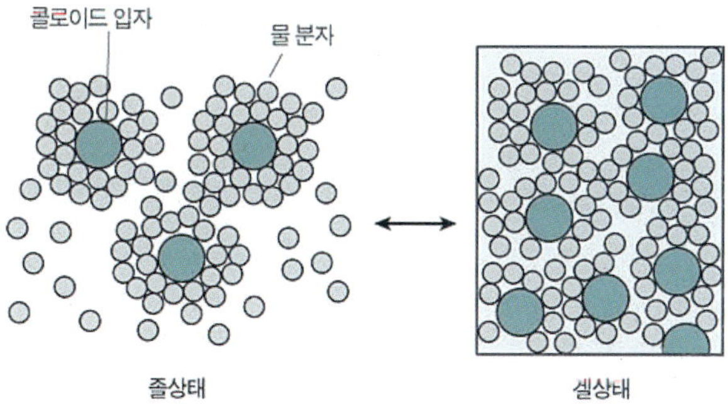

3) 젤화

액체에 적정한 젤을 이루는 물질을 넣어서 젤로 만드는 것

- 어떤 액체든 적당한 젤화제를 넣어 주고 조건을 맞춰 주면 젤화가 진행되어 탄력 있는 고체가 된다.
- 젤의 강도, 탄력성 정도나 식감이 다른 여러 콜로이드가 있다.

(1) 젤을 만드는 물질들(콜로이드 입자, 젤화제)

- 단백질: 젤라틴(젤리), 알부민(푸딩)
- 전분 젤: 쌀 전분, 옥수수 전분, 밀 전분 등
- 다당류 섬유소 젤: 해초 젤(한천, 알지네이트, 카라키난), 펙틴과 셀룰로오스 젤, 구근 젤(곤약과 이눌린), 미생물 젤(잔탄검, 젤란검), 나무 수액 젤(아라비아 검), 종자 젤(구아검)
- 복합 젤

2. 젤라틴 젤

판나코타를 만들려면 끓인 생크림에 젤라틴을 넣어 냉각시킨다.

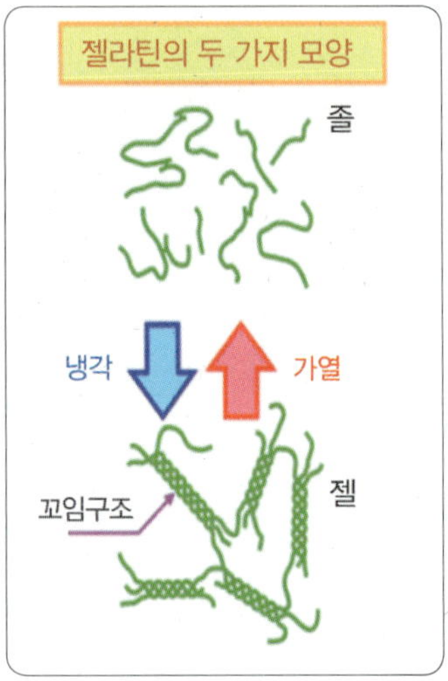

1) 젤라틴의 이용

- 젤리
- 무스 / 푸딩
- 젤라토
- 광택, 윤기제

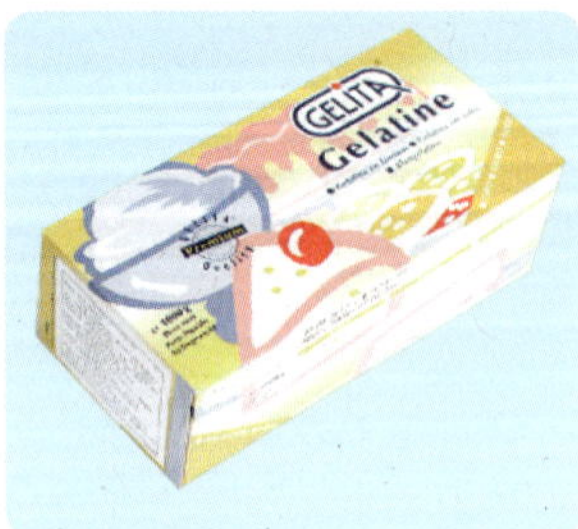

– 젤라틴 성질을 알고 사용하자 –

1. 젤라틴은 판젤라틴의 경우도 무게로 사용한다(종류별로 탄력이 다르다).
2. 1~2%의 농도로 사용(1컵당 1장 기준)
3. 얼음물에 불린다.
4. 젤라틴은 60℃ 이상 가열하지 않는다(성질 변화).
5. 식품 내 단백질 분해효소가 있으면 굳힐 수 없다(예: 파인애플이나 키위로 무스를 만들 경우).
6. 산이 강하면 분해되므로 강산이면 용량보다 많이 넣어야 한다.
7. 동물성이기 때문에 알레르기 반응이 있을 수 있다.

2) 젤라틴의 강도(Bloom)

블룸(Bloom)은 젤리의 탱탱한 정도를 표시한 것이다. 블룸의 수치가 높을수록 동량을 사용해도 탄력이 높고 단단한 제품이 되고 블룸의 수치가 낮으면 더 부드럽고 야들야들하다. 전문회사에서 제조되는 젤라틴은 블룸에 따라 메탈로 황동색, 은색, 금색, 은금색 라벨로 블룸 강도를 다르게 책정하여 적정한 제품을 만드는 데 사용하고 있다. 우리나라에서는 대개 200블룸의 골드 라벨을 많이 사용한다.

- 가루 젤라틴 : 225bloom으로 강도가 골드 라벨과 플래티늄 라벨 중간 정도이다. 5배 정도의 물에 수화시키면 일반 젤리의 농도가 된다.

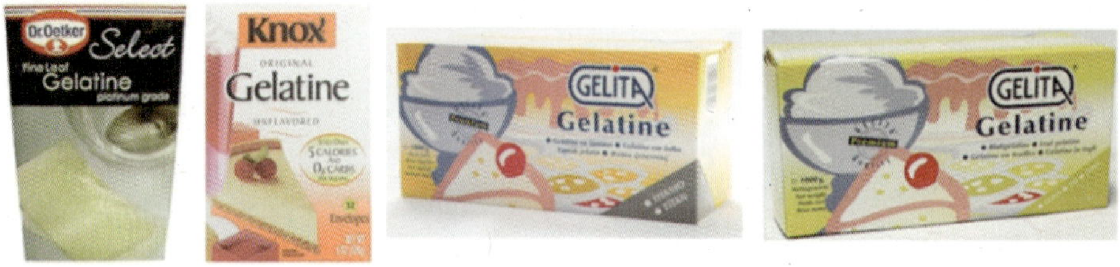

판젤라틴의 종류

판젤라틴의 강도

구분	메탈(titanlum)	황동색(bronze)	은색(silver)	금색(gold)	은금색(plantium)
강도(bloom)	100	125	160	19~220	250

3. 한천(Agar) 젤

한천(Agar)

한천은 우뭇가사리 등 홍조류에서 추출한 난소화성 복합 다당류이다. 식물성 소재이며, 양질의 식이섬유가 풍부하여 동양에서는 이를 이용하여 젤리, 과자 등의 제조에 많이 이용하였다.

한천으로 만든 디저트 제품들

1) 한천의 유래와 종류

한천이라는 명칭은 해조류를 끓인 추출액을 한랭한 대기에 건조하여 만들었다는 의미에서 나왔다.

한천은 종류에 따라 실 한천, 각 한천, 가루 한천 등이 있으며, 만드는 방법에 따라 자연건조 한천과 공업용 한천이 있다. 자연건조 한천은 해조류를 고아서 겨울 옥외에서 4~10℃로 동결건조와 저온건조를 반복하여 만들어 탈수시켜 순도는 낮으나 점도가 높다. 탈수과정을 기계화한 공업용 한천은 순도가 높고 점도가 낮다.

실 한천

가루 한천

한천 기원에 대한 일본 설화

고대에 왕과 귀족들이 사냥을 나왔다가 폭풍우 속에서 길을 잃었다. 간신히 어둠 속에서 작은 여관을 발견하고 들어갔다. 여관 주인은 왕을 맞아 해초를 넣은 음식을 제공하였는데 왕의 입맛에 맞지 않아 바깥에 버려졌다. 엄동설한에 옥외에서 얼렸다 녹기를 반복한 해초액은 가루가 되었고 여관 주인이 나중에 물을 붓자 젤리가 되었다고 한다. 이후 해초를 얼렸다 녹여 한천을 추출하고 이를 요리에 사용하였다고 한다.

2) 한천의 물성

한천 종류	강도(1.5% 농도 시 젤 강도)	이용
실 한천	400~500	해초 샐러드, 한천 국수, 양갱
가루 한천	400~1200	한천 젤리, 우무, 미생물 배지, 의약품

1t 한천 가루 = 1/3C 실 한천

= 350ml(11/3cup) 용액을 단단한 젤리로 굳게 한다.

한천은 아가로오스와 아가로펙틴의 두 다당류가 70 : 30 정도의 비율로 혼합되어 있다. 아가로오스는 젤화성이 강하고 아가로펙틴은 젤성이 약한 대신 점탄성이 높다. 그 결과, 식품의 응고성, 점탄성, 보수성을 높여 주는 특성이 있다.

3) 이용

- 물성에 따라 다르지만 물 1컵에 1g(젤리용) – 10g(양갱용) 사용
- 32~43℃로 온도를 높여 주면 액체가 되고 식으면 고체가 됨(80℃ 이하에서는 다시 녹지 않음)
- 젤화와 용해를 반복하여도 한천 젤 특성에 변화가 없음
- 한천의 아가로오스와 아가로펙틴은 소화 · 흡수가 되지 않는 난소화성 다당류라 저칼로리 식품을 만드는 데 좋음
- 가장 큰 장점은 채식주의자 음식과 할랄 푸드용으로 사용 가능

한천을 이용한 제과품

4) 젤라틴 젤과 한천 젤의 비교

젤라틴은 탄성이 더 뛰어나고 흔들면 출렁거리는 젤을 만든다. 이에 비해 한천 젤은 좀 더 단단하고 이에 씹히는 질감이 있다. 한천 젤의 농도와 첨가물을 조정하면 좀 더 출렁거리는 탄성을 줄 수 있는데, 일본의 미주 싱젠 모찌가 그 대표적인 제품이다. 젤라틴은 냉장온도에서 굳으며, 더운 날에는 녹는 데 비해 한천은 상온에서 굳으며, 더운 온도에서도 그 모양을 유지할 수 있다. 그 결과, 젤라틴 젤이 더 부드럽고 말캉거리는 느낌이고 한천 젤은 똑똑 부러지는 성질이 있다.

젤라틴 젤과 한천 젤의 성질 비교

Texture Material	젤라틴 젤(Gelatin gel)	한천 젤(Agar gel)
경도(Hardness(N))	22.36[a]	22.80[a]
부착성(Adhesiveness(J))	2.49[a]	0.92[b]
점착성(Cohesiveness)	0.93[a]	0.23[b]
탄성(Springiness)	1.26[a]	0.78[a]
씹힘성(Chewiness)	26.36[a]	4.35[b]

5) 젤리의 용도

고령친화식으로 만든 홍시와 포도 젤리

오랫동안 젤리는 쫄깃한 질감과 단맛으로 주로 아동을 위한 간식 또는 외식의 디저트용 제품으로 많이 사용되었다. 그러나 최근 겔화 과정을 이용하여 질감을 변화시킬 수 있게 되면서 다양한 식품이 젤리로 만들어져 기능성과 활용 가능성이 크게 확대되고 있다. 특히, 연하 및 저작이 어려운 고령자의 식사 내용품이나 수술 회복기 환자의 건강보조식으로 다시 재구성되면 식재료의 활용도가 높아진다. 젤리에 든 젤라틴이 단백질을 충족시켜 주는 용도도 있고 나아가

식이섬유의 젤화제를 이용할 경우 위를 든든하게 채워 주는 식사의 한 구성원으로 활용되기도 한다. 한편, 비타민과 무기질이 많은 신선 채소의 주스를 식이섬유를 이용하여 굳힌 젤리는 저칼로리 건강 다이어트의 좋은 표본이 되기도 한다.

4. 섬유소(펙틴) 젤

섬유소와 전분은 같은 소재인 포도당이 연결되어 만들어진 물질이지만 연결 방식이 달라서 체내에서 이용도가 다르다.

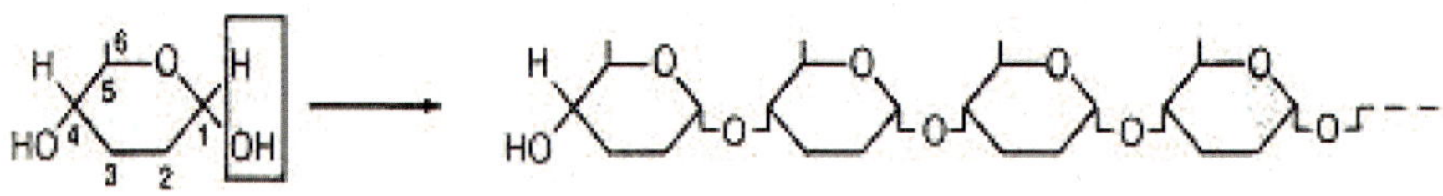

알파 포도당　　　　　　　　　　아밀로오스

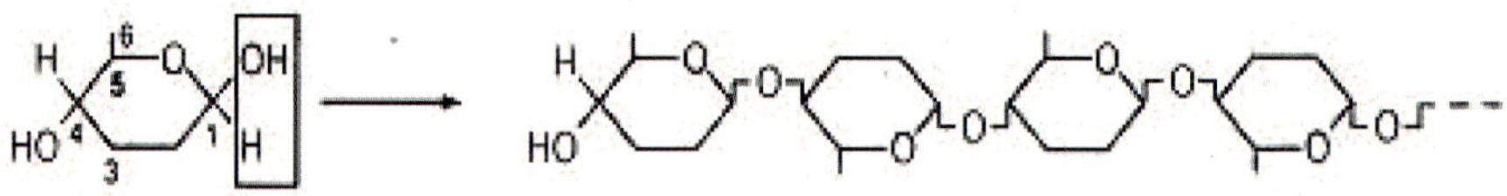

베타 포도당　　　　　　　　　　셀룰로오스

1) 잼의 원리

섬유소의 일종인 펙틴은 열과 산이 가해지면 젤을 형성할 수 있다. 이를 이용하여 잼을 만든다.

- 펙틴(과일, 채소 내 다양하게 있다)이 평소에는 이온화가 되어 물에 안정되게 녹아 있다.
- 65%의 설탕(물을 잡아 주는 역할)이 들어가면 펙틴과 결합한 물을 빼앗아 펙틴이 불안정하게 된다.
- 이때 산이 있으면 펙틴끼리 반발력을 줄여 주어 안정된 젤이 형성된다.

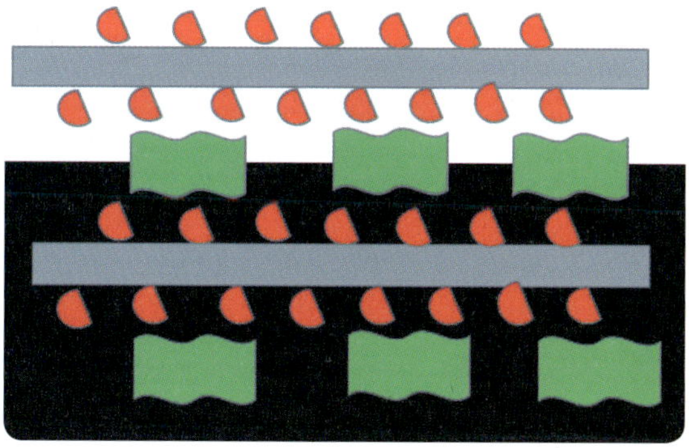

과일에 따라 당분과 산, 펙틴의 양은 차이가 있다. 펙틴은 주로 과일의 껍질 부분에 많이 들어 있어 오렌지나 레몬처럼 껍질을 이용하면 쉽게 잼을 만들 수 있다.

잼을 만들 때 성분비

성분	함유량(%)
펙틴	0.5~1
산	0.5~1
당분	50~70

2) 무설탕 무펙틴 생잼

펙틴+설탕+산으로 젤을 만드는 원리를 이용하여 과일 속의 천연 펙틴과 천연 당을 이용하여 화학첨가제 없이도 오래 끓이지 않고 신선한 과일 맛이 살아 있는 잼을 만들 수 있다.

출처: 풀무원 홈페이지.

- 펙틴이 많이 든 과일을 졸여서 펙틴 추출 (풋사과, 레몬, 바나나 등)
- 당분이 많은 과일즙을 졸여서 설탕 대신 사용(포도 주스 등)
- 원하는 과일과 이들을 섞어 줌으로써 생잼이 만들어진다.

과일 내 펙틴과 산의 함량

과일	천연 펙틴의 함량	산의 함량
풋사과, 레몬, 오렌지	많다(1% 내외)	충분(1% 내외)
복숭아, 바나나, 무화과	많다(1% 내외)	적다(0.1% 내외)
포도, 잘 익은 사과	중간(0.7%)	중간(0.4%)
딸기, 살구	적다(0.5% 이하)	충분(1% 내외)
배, 감, 잘 익은 복숭아	적다(0.5% 이하)	적다(0.1% 내외)

5. 카라기난 젤

최근 해조류의 다당류들이 식품 공업에서 사용되는 예가 늘고 있다. 아가나 아가로오스 이외에도 카라기난, 알긴산 등은 홍조류 또는 갈조류에서 추출되는 다당류이다. 이들 다당류는 주스의 균질화, 크림의 점도 조절, 수프의 분리 방지 등 가공식품에 보이지 않는 질감 개선제로 사용된다.

특히, 카라기난은 홍조류에서 추출한 복합다당류로 식품의 질감을 다양하게 변화시킬 수 있고 안정화시킬 수도 있어서 최근 각광받고 있는 교질물이다. 카라기난은 몇 가지 이성질체가 있는데 식품의 질감에 주는 영향이 달라서 조리 시 적절하게 사용할 때 조리자가 원하는 점도와 질감을 얻을 수 있다.

카라기난의 종류와 물성

종류	특성	이용성
카파 카라기난(K-carrageenan)	고강도 젤	식육이나 햄 등에 사용, 젤리용
이오타 카라기난(I-carrageenan)	젤라틴과 유사한 젤 특성	유제품, 주스, 치약
람다 카라기난(Lambda carrageenan)	저강도 저이수 젤	유제품, 지방대체제, 증점제
K/mannan mix	초고강도 젤	인스턴트 젤리 믹스, 컵 젤리
I/K mix	내동성이 있는 젤	다양한 유제품

콜로이드 젤의 종류와 성질

	아가	알지네이트	I-카라기난	K-카라기난	젤라틴	젤란 검
원료	적조류	갈조류	적조류	적조류	동물성 단백질	박테리아
투명도	반투명	투명	반투명	투명	투명	투명
젤의 질감	고농도에서는 부서지는 질감, 저농도에서는 부드러움	부드러움	크리미	고농도에서는 단단, 저농도에서는 부드러움	부드럽고 입안에서 녹는 느낌	단단하고 부서지는 질감
열에 의한 질감 변화	열에 의해 젤과 졸 가역성 부서지는 젤	칼슘이 있으면 가역적 변화, 없으면 농후 액상	칼슘이 있으면 가역적 젤 만듦, 칼슘 없이는 부드러운 젤	칼륨 존재 시 부서지는 가역성 젤, 칼륨 없이는 단단한 젤 형성	부드럽고 탄성 있는 가역성 젤	단단하고 부서지는 비가역성 젤
준비 시 분산	냉·온수 모두 저어서 녹임	냉수에서 핸드블랜더로 믹스	냉수에서 핸드블랜더로 녹임, 설탕이나 알코올이 있으면 더 잘 녹음	냉수에서 핸드블랜더로 녹임, 설탕이나 알코올이 있으면 더 잘 녹음	냉수에서 불려 녹이기	냉수에서 핸드블랜더로 녹임, 설탕이나 알고올이 있으면 더 잘 녹음
녹는 온도	77~87℃	뜨거운 물	42~86℃	36~86℃	122~137℃	7[illegible]~57℃
억지제	산성 또는 염기성 용액	산도 4 이하 산성 또는 진한 염 용액		소금	소금, 산, 알코올, 키위, 파인애플 등 단백질 분해요소가 있는 과일 등	산도가 높은 용액과 칼슘이나 소디움 농도가 높은 용액
촉진제	설탕	칼슘	칼슘	포타슘	우유, 설탕, 전오 알코올	
냉동성	No	Yes	Yes	No	No	Yes

6. 분자요리 스페어(Sphere) 만들기

- 액체를 고체화하는 기법
- 분자요리의 대표기법 중 하나
- 원리 : 하이드로 콜로이드가 적정한 조건하에 고체막을 형성한다.
- 주로 사용하는 것이 한천(아가)
- 한천 가루 + 칼슘 용액 = 젤 형성(시간을 조절해서 막의 두께 조절)

바질 소스, 발사믹 식초, 케첩, 간장 등 액체 소스와 수프를 작은 구형의 젤로 만들어 식감을 달리하는 기법을 스페리피케이션(Spherification, 구형화)이라고 한다.

1) 스페리피케이션 방법

1. 주스 또는 소스 용액에 알지나를 0.5~1% 농도로 첨가한다.
2. 락토칼슘을 0.5~1% 농도로 베스를 준비한다.
3. 알지나가 든 주스를 한 방울씩 락토액에 떨어뜨린다. 젤 크기나 원하는 막의 질감을 얻기 위해서 락토액에 두는 시간이 달라진다.

- small spheres : 2분
- medium spheres : 4분
- large spheres : 5분
- thin membarne : 1분
- medium membarne : 3분
- thick membarne : 5분

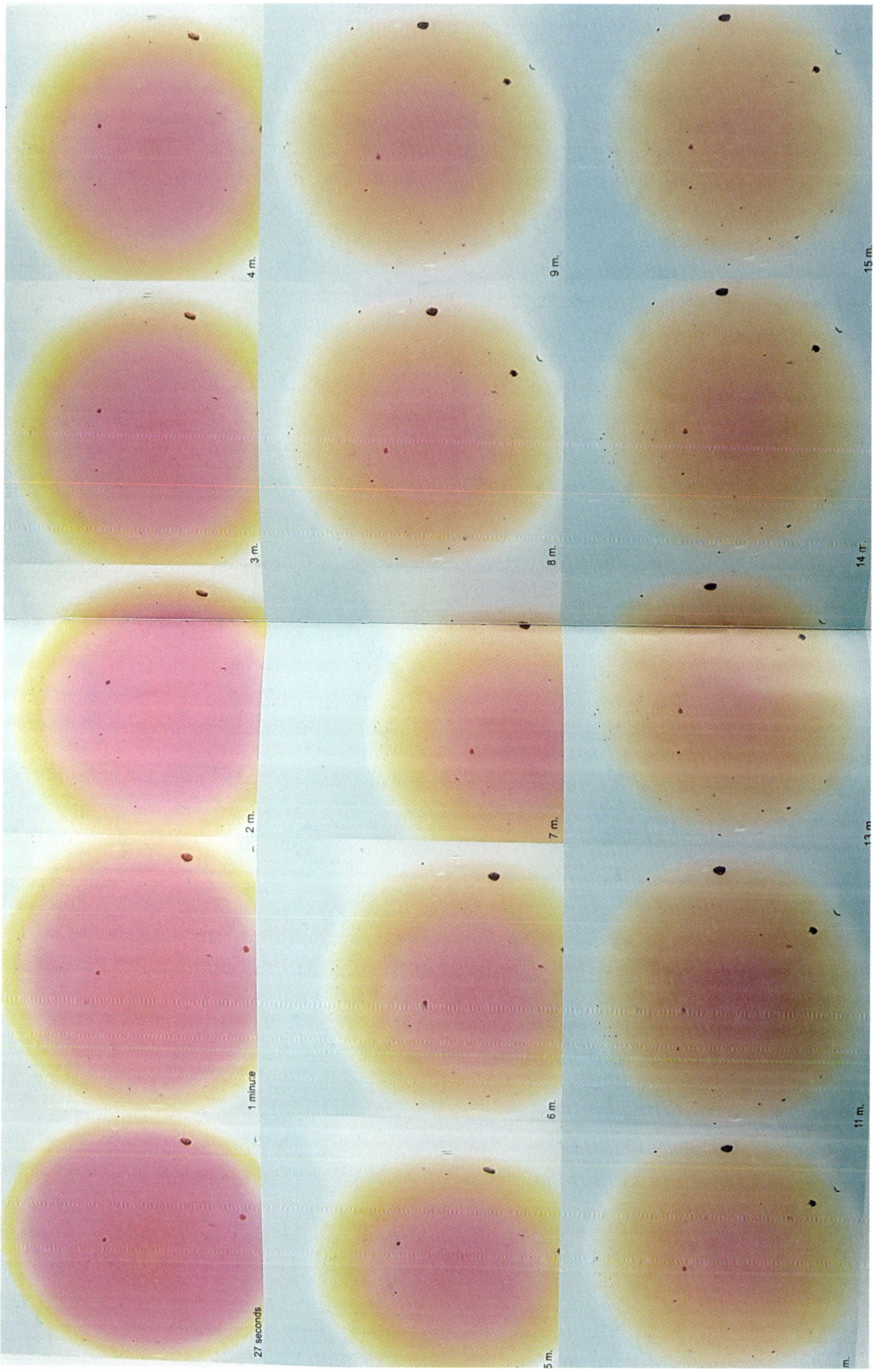

스페어 제조 시 시간에 따른 젤화 과정

분홍색은 액체 상태이며, 노란색은 락토칼슘이 침투하면서 굳어진 젤상이다.

출처: Erran Adrea(2004).

Reverse spherification

- 1.0~3.0%의 락토를 주스나 소스 용액에 넣어 주고
- 알지나를 0.4%~0.5% 농도로 베스를 준비하면 계란처럼 큰 부피 가능.
- 알지나 농도가 높을수록 캐비어 내 점성이 커진다.

2) 캐비어의 두께와 점성 조정하기

pH가 5.3보다 커지면 겔이 얇아지다 못해 터져 버린다. 따라서 산성 식품이 아니면 산을 넣어 주어야 캐비어가 만들어진다. 캐비어의 가장 이상적인 막 두께는 pH가 약 3.3일 때이다. 이때 겔의 두께는 약 1.6mm로 식감이 좋고 그릇 위에서 탱글탱글하면서도 입안에서 톡톡 터지며, 즙을 가장 맛있게 내뿜는다.

- 가장 맛있는 캐비어 만드는 방정식 -

- 겔의 두께(mm) = $-0.35 \times \text{pH} + 2.8$
- 겔의 두께(mm) = $0.78 \times$ 알긴산나트륨의 질량(g)
- 겔의 두께(mm) = $-0.031 \times$ 염화칼슘의 질량$(g)^2 - 1.68$

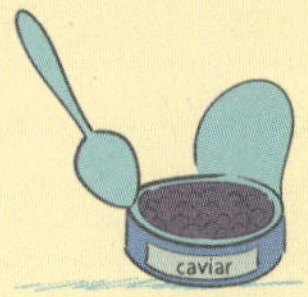

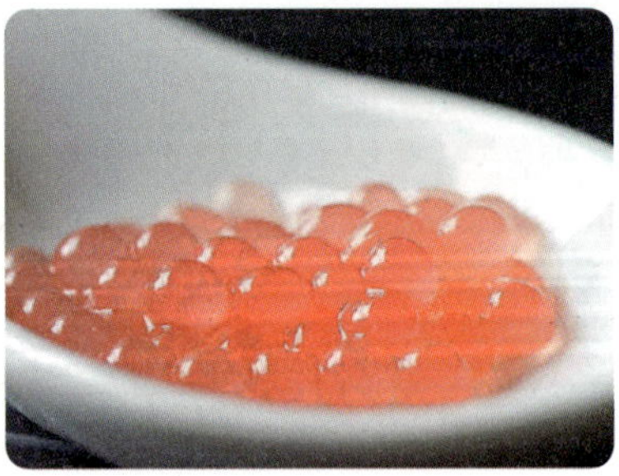

겔의 두께만큼 중요한 것이 바로 점성이다. 점성이 너무 작으면 캐비어가 요리 위에서 너무 가볍게 굴러다니고, 점성이 너무 크면 젤리처럼 상큼한 느낌을 주기 어렵기 때문이다. 캐비어의 점성은 겔과 그 안에 든 액체의 밀도 차와 캐비어의 부피가 클수록 크다.

3) 두 개의 액상을 막으로 나누기

액체를 고체 모양으로 만드는 방법은 다양하게 응용하면 두 개의 액상 막을 만들거나 국수처럼 길게 뽑아내거나 젤 안에 젤을 만들 수 있다. 모두 알긴산과 칼슘의 결합을 통합 막 형성 원리를 이용한 것이다.

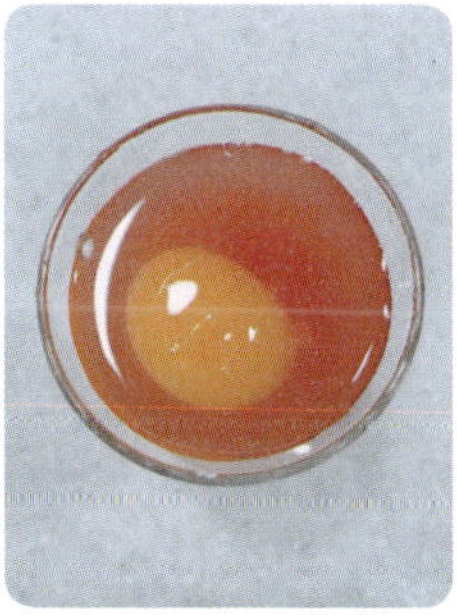

감각평가: 상의 변화

- 목적: 다양한 액체를 구슬 모양의 캐비어로 만들어 보자.
- 재료: 토마토 주스, 망고 주스, 간장, 락토칼슘, 아가, 워터베스, 볼 2개.
  투명 글라스
- 결과:
- 토론:

chapter

14

기체의 조리 : 에스푸마(Espuma)

- 기포화

1. 상의 변화와 분자조리 기법

분자조리 기법은 전통적인 상(액체, 고체, 기체)의 요리를 상태를 바꾸어 냄으로써 놀라움과 재미, 디자인적 아름다움을 준다.

- 액체를 고체로 만드는 것이 구형화
- 액체를 기체로 만드는 것이 기포화

2. 거품의 원리

표면활성제 존재 시 공기를 포집하는 능력이 생긴다. 계란 흰자의 거품을 내는 것은 알부민 단백질, 우유 거품은 카제인 단백질이다. 그러나 거품을 안정되게 유지시키는 것은 레시틴(난황)과 같은 유화제 또는 표면활성제이다.

유화제나 표면활성제가 존재할 때 교반에 의해서 공기를 안에 머금게 되어 부피가 증가하는 휘핑 조작이 가능하게 된다. 만들어진 거품도 시간이 지나면 꺼지지 않고 유지된다.

물 분자와 친한 친수성 단백질이나 친수성 유화제는 지방액 사이에 있으면 기름 분자를 코팅하지만 지방이 없을 경우에 많이 휘핑하면 유화제가 대기 중의 공기를 머금어 코팅하면서 단단한 거품을 만들게 된다. 따라서 단단한 거품을 만들고 싶으면 유지가 휘핑액에 들어가지 않도록 조심해야 한다. 계란 흰자를 거품 내는 경우 계란의 수용성 알부민 단백질이 공기를 포집하는 역할을 하여 머랭을 만드는 데 사용된다. 그러나 이때 만약 계란 노른자가 들어가거나 한 방울이라도 지방을 넣으면 유화제나 친수성 단백질은 공기보다는 기름을 코팅하면

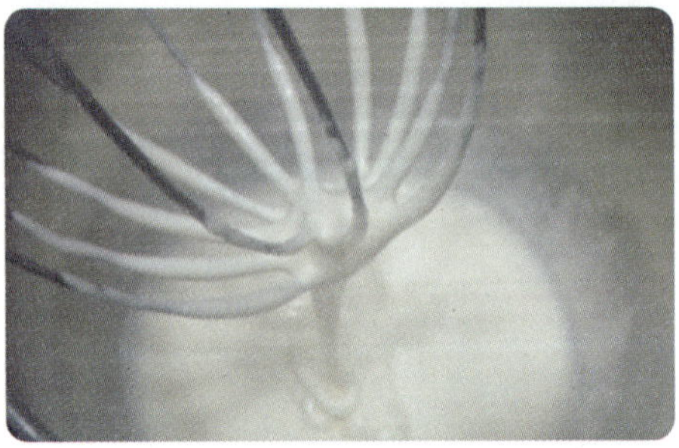

서 거품이 나지 않는다. 거품이 있으면 좋지 않은 제품의 경우 유지를 첨가하여 유화제가 공기를 머금는 성질을 없애면 거품이 제거된다. 예를 들어, 두부를 만들기 위해 두유를 끓이면 두유 내 레시핀 성분으로 거품이 부글부글 일어나는데 식용유나 참기름을 한두 술 뿌리면 바로 거품이 삿아드는 경우이다.

3. 거품화 기법(espuma)

거품화 기법(espuma)이란, 표면장력제 또는 유화제를 넣어 주어 액체를 거품으로 만드는 분자요리 기법이다. 거품화 기법의 장점은 접시 위의 거품이 공기(향기)를 속에 가둔 고체가 되어 형태적인 아름다움을 갖게 되고 시각적인 변화를 줄 뿐만 아니라 공기 속의 향기 성분이 대기로 확산되지 않고 공기 방울 속에 포함되어 입안에서 방울이 터지면서 바로 후각을 자극하는 힘이 강하게 된다.

긴 단백질이나 섬유질이 액체를 머금어 젤을 만드는 것처럼 공기를 포함하게 만들어 거품을 형성할 수 있다.

물방울은 왜 둥글까

물의 내부에는 동일한 물 분자들이 촘촘히 모여 있고 사방에서 서로 당기는 힘과 미는 힘이 발생한다. 반면, 물이 외부의 물질(공기 또는 성질이 다른 액체)과 만나는 면은 내부와는 달리 표면 쪽에는 서로 당기는 인력이 작용하지 않게 된다. 이로 인해 표면의 접촉면이 둥글게 휘어지며, 공기에 노출되는 것을 최소로 하려는 에너지가 생기는데 이를 표면장력이라고 한다. 빗방울이나 이슬이 떨어질 때 둥근 이유는 공기와 접하는 면을 최소로 하려는 표면장력이 작용하기 때문이다.

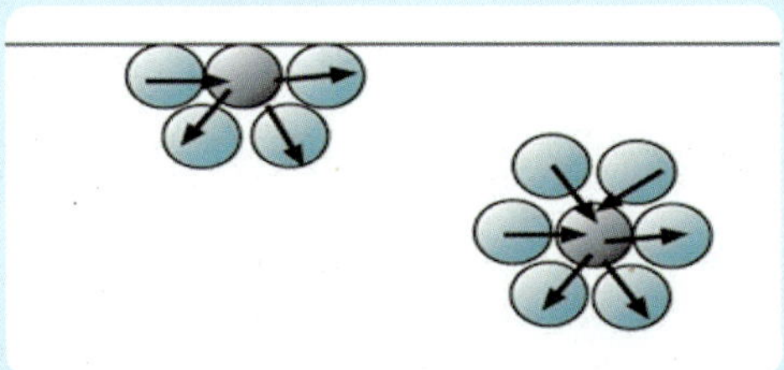

- 인력 : 분자끼리 서로 당기는 힘(액체가 유한한 크기를 가지는 힘)
- 척력 : 분자끼리 서로 미는 힘(액체가 흘러 다닐 수 있는 힘)
- 표면장력 : 표면에서는 인력 〈 장력이 된다.

각종 음료나 주스를 이용하여 거품을 만드는 원리는 공기와 물 또는 기름을 섞어 줌으로써 표면장력이 발생하는 원리를 이용하는 것이다.

표면장력이 큰 액체에 기체를 강제로 섞어 주면 거품이 만들어진다.

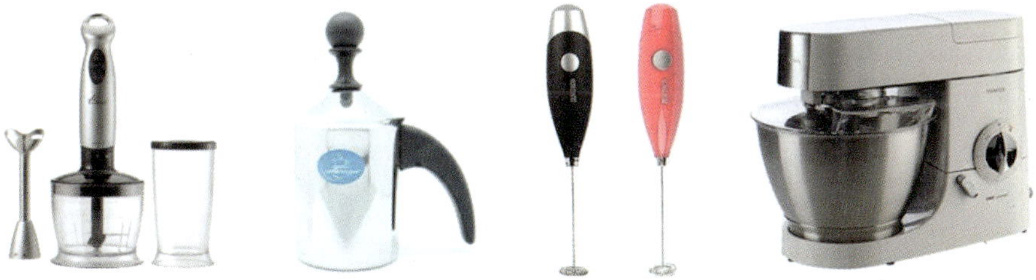

용도에 따라 거품을 만드는 다양한 기계

4. 거품의 질감과 유지

시간이 지나면 쉽게 꺼지는 거품과 비교적 안정한 거품이 있다. 물 분자만 있어도 교반에 의해 거품은 쉽게 만들어지지만 물 분자만 있을 때에는 각각의 분자가 잡아당기는 힘이 너무 커서 거품이 생겼다가도 금방 사라져 버린다. 물은 수소결합으로 인해서 표면장력이 아주 강력한 분자이기 때문이다. 단백질이나 섬유질 분자들이 물에 섞여 있으면 물 분자끼리 서로 뭉쳐서 결합하는 것을 방해하게 된다. 그리고 이들 단백질이나 전분질은 물 분자가 서로 떨어져 있어도 어느 정도 안정한 상태를 이룰 수 있게 만들어 어느 정도 거품과 같은 분자끼리 멀리 떨어져 있는 상태가 유지될 수 있게 된다. 그러나 유화제가 없으면 거품이 오랜 시간 지속되지는 않는다.

- 우유, 생크림, 계란 흰자, 두유, 소스나 스톡
- 에스프레소 크레마, 맥주, 과일이나 채소 갈기
- 국수 삶기, 국이나 찌개
- 단백질이나 아밀로오스가 있는 액체를 가열하거나 세게 저으면 긴 분자들끼리 엉킬 때 공기가 들어가면서 거품이 만들어진다.

1) 단백질 거품

(1) 우유 거품

우유 거품은 카제인 단백질이 만든다.

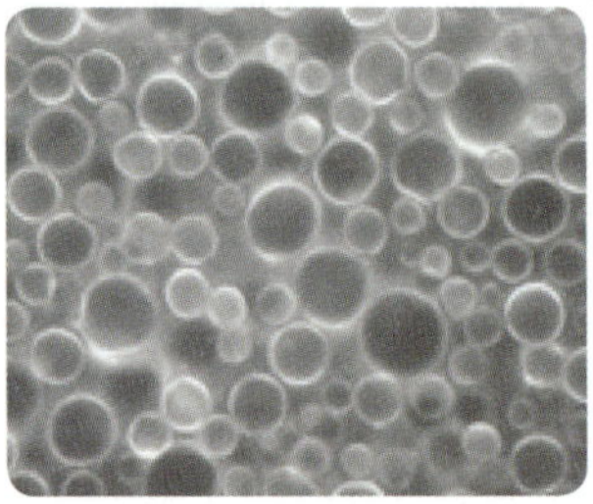

우유 속에는 카제인 단백질이 지방과 칼슘이 함께 산포되어 있다.

우유를 끓이거나 강하게 치면 카제인 단백질이 변성하면서 친수성 부분은 물을 향하고 소수성 부분은 공기를 향해 배열하여 안정된 막을 형성한다.

카푸치노, 생크림, 버터 : 우유 단백질이 거품을 만든다.

(2) 계란 흰자 거품

계란 흰자의 거품은 알부민 단백질이 만든다.

- 계란 흰자는 90%가 물이다. 그 속에 든 알부민 단백질은 흰자가 표면에 충격을 받을 때 들어간 공기를 안정되게 가두는 능력이 있다.

- 알부민이 들어가 있는 계란 흰자는 충격을 가하면 가할수록 거품이 더 잘게 쪼개어져 더 잘고 미세한 거품을 만든다.
- 설탕이 있으면 물을 잡아 주어 오래 안정된 거품을 만든다.
- 흰자의 알부민 단백질
- 휘핑에 의해 흰자의 구형 단백질이 선형으로 풀어지면서 공기를 머금을 수 있는 망을 형성한다.
- 설탕이 알부민을 안정화시킨다(118℃ 시럽 또는 중탕).
- 산도 단백질을 안정하게 한다(8장 계란의 조리 참조).

2) 섬유질 거품

긴 섬유질도 공기를 포집하여 거품을 만들 수 있다. 예컨대, 보리의 호프 속의 긴 섬유질의 농도가 높아 상하게 교반하면 물의 표면장력을 방해하여 거품을 일으킨다(예 : 크림생맥주 만들기).

3) 거품을 안정화시키는 물질 : 레시틴

자연계에서 만들어지는 거품은 대개 안정성이 없다. 그러나 레시틴을 넣고 교반을 하면 레시틴의 친수성 부분은 물과 결합하고 소수성 부분은 들어온 공기를 머금고 둘러싸서 공기 방울을 만든다.

그 외에도 검질, 셀룰로오스 등은 거품을 안정화시킨다.

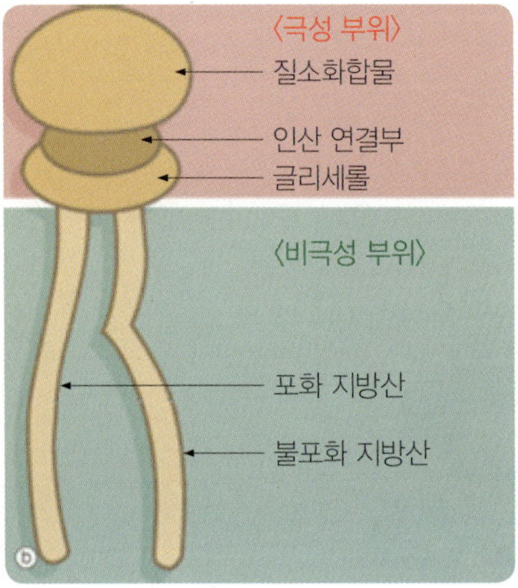

레시틴의 구조

거품으로 만든 요리

출처: Erran Adrea(2004).

4) 기계적인 거품

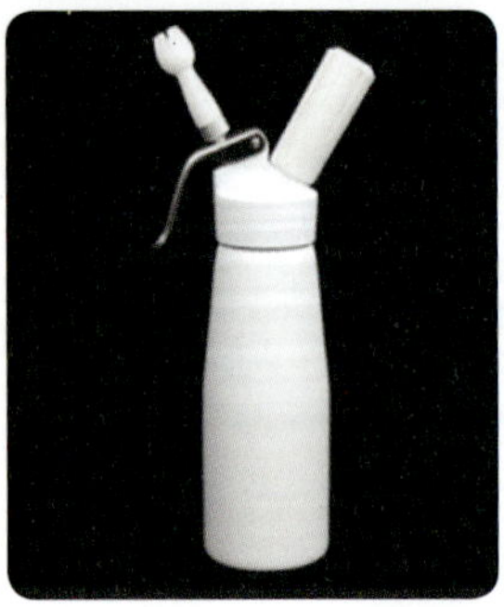

질소 사이폰

질소 사이폰이나 탄산 제조기를 이용하면 인공적인 거품을 쉽게 만들 수 있다.

5. 기포(Foaming)와 소포(De-Foaming)

단백질 유화제와 친수성 유화제는 공기가 있으면 공기를 코팅하여 거품을 만드는 데 도움을 준다. 그러나 여기에 지방이 한두 방울이라도 있으면 공기보다는 지방을 코팅하게 되면서 공기를 배출한다. 따라서 거품에 지방을 섞으면 바로 거품이 꺼지게 되는 것이 소포이다.

조리 시 이런 기포와 소포의 원리를 이용한 테크닉이 많다. 예컨대, 별립법으로 케이크를 만들 때 계란 흰자를 거품 내어 밀가루와 섞은 뒤 거품을 꺼트리지 않고 노른자나 버터, 식용유를 섞어 주려면 흰자 거품과 지방질을 1/3씩 교대로 섞고 재빠르게 믹스하여 오븐에 넣어야 볼륨감이 있는 케이크를 만들 수 있다.

때로는 조리 과정에서 거품이 일어나는 것이 좋지 않을 때도 있다. 두부를 만들 때 두유를 끓이면 다량의 거품이 일면서 넘치게 된다. 이럴 때 참기름 한 방울 떨어뜨리면 바로 거품이 죽어 버리는 것을 볼 수 있다. 참기름의 유지가 두유 속의 기포제인 레시틴을 코팅하면서 공기를 함유하지 못하게 만드는 것이다.

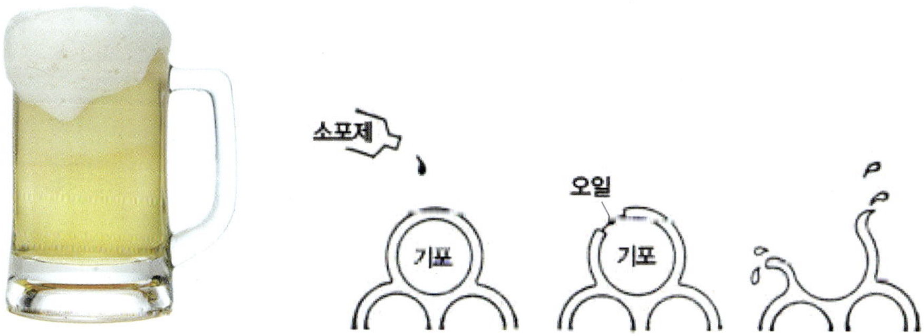

기포(Foaming)와 소포(De-Foaming)

감각평가: 에스푸마 만들기

- 목적: 다양한 액체를 형태가 있는 기포로 만들어 보자.

- 재료: 자몽 주스, 바질 주스, 포도 주스, 레시틴, 질소 캡슐, 핸드 블랜더, 저울, 컵, 접시

- 방법: 1) 주스에 거품을 안정화시키는 물질을 넣고 세게 젓는다.
  예: 거품을 안정화시키는 물질의 종류: 레시틴, 사포닌, 젤라틴, 펙틴, 알부민 등
  2) 탄산 제조기나 질소가스를 사이폰에 넣어 압력으로 공기를 주입하여 거품을 낸다.

- 토론: 거품을 안정화시키는 물질의 종류에 따른 거품의 질감 비교
  거품의 안정화 지속 시간을 비교해 보자.

참고문헌

강경심 · 윤재영 · 이진미 · 최영진 · 최은정(2018). 조리원리. 서울: 장지사.

김귀영 · 양영숙 · 윤재영 · 이춘자 · 전정원(2009). 발효식품: 이론과 실제. 경기: 교문사.

김미리 · 이미숙 · 이영은 · 권순자 · 문보경 · 이정희(2015). 핵심원리 이해를 위한 실험조리. 서울: 파워북.

김희섭 · 유혜경 · 윤재영 · 이정희 · 최정희(2005). 조리의 과학. 서울: 도서출판 대가.

문석준(2016). nature communication IF=11.329. 문석준 음식 굳기와 맛 인지 상호관계 규명.

사마키 타케오(2005). 부엌에서 알 수 있는 거의 모든 것의 과학. 경기: 휘슬러.

오세인 · 우인애 · 이병순 · 김동희 · 송태희(2016). 한눈에 보이는 실험조리. 경기: 교문사.

이시카와 신이치(2016). 식탁 위의 과학 분자요리. 서울: 끌레마.

이주희 · 김미리 · 민혜선 · 이영은 · 송은승 · 권순자 · 김미정 · 송효남(2008). 식품과 조리원리. 경기: 교문사.

조미자 · 강옥주 · 계인숙 · 김명숙 · 김병숙 · 김애정 · 문숙희 · 박재희 · 박희옥 · 이근종 · 이미경 · 이미영 · 최은영 · 최진영 · 한정순(2015). 조리원리: 이론과 실습. 경기: 교문사.

Amy Brown (2008). Understanding food. Wadsworth.

Christensen et al. (2012). *Meat Science 90*. 485-489.

Erran Adrea (2004). *elBulli*. RBA libros.

Guichard (2007). Food Flavour Perception.

Herold McGee (2004). *On food and Cooking*. Scribner.

Hervé This (2002). *molecular Gastronomy: Exploring the science of flaver*. Colombia Univ Press.

MMTUM Inc (2015). *Molecular 50 course meal*. Molecule-R Flavors.

저 자 소 개

최정희

– 서울대학교 식품영양학과 졸업
– 본교 박사 학위 취득
– 이탈리아 icif 이탈리아 조리 전문가 과정 수료
– 이탈리아 알마 조리학교 한국분교 이사장 역임
– 현재 백석예술대학교 외식산업학부 교수

감각과 조리원리

초판 1쇄 인쇄 2019년 2월 18일
초판 1쇄 발행 2019년 2월 22일

지 은 이 | 최정희
펴 낸 이 | 김기섭
편 집 인 | 이혜란
펴 낸 곳 | 창지사 www.changjisa.com
08589 서울시 금천구 가산디지털 1로 83 파트너스타워 1차 9층
전화 (02)719–2211~3
팩스 (02)701–9386
등 록 | 1977년 4월 28일 · 제1–421호

ISBN 978–89–426–1198–0 (93590)

값 15,000원

「이 도서의 국립중앙도서관 출판예정도서목록 (CIP) 은 서지정보유통지원시스템 홈페이지 (http ://seoji.nl.go.kr) 와 국가자료공동목록시스템 (http ://www.nl.go.kr/kolisnet) 에서 이용하실 수 있습니다 .(CIP 제어번호 : CIP2019005702)」